服装卖场展示设计

FUZHUANG
MAICHANG
ZHANSHI SHEJI

主编 洪文进 金红梅 苗 钰

航空工业出版社

北 京

内 容 提 要

本书是在国家全面深化产教融合、大力推进服装陈列设计与展示专业向前发展的背景下编写的。全书共五章，分别是服装卖场展示概述、服装卖场构成和规划、服装卖场陈列技巧、服装卖场照明设计、服装卖场橱窗设计。本书和谐、统一地处理了课程的理论体系与实践应用体系的关系，书中既有丰富的服装陈列基础理论知识，又有翔实的品牌服装卖场实例，方便学习者将陈列理论知识与陈列实操统一起来。本书可作为服装陈列设计与展示专业的教材，也可以作为服装陈列设计师、陈列设计员的参考书。

图书在版编目（CIP）数据

服装卖场展示设计 / 洪文进，金红梅，苗钰主编
. — 北京：航空工业出版社，2023.2
ISBN 978-7-5165-3280-5

Ⅰ.①服…　Ⅱ.①洪…②金…③苗…　Ⅲ.①服装 –
专业商店 – 陈列设计 – 高等学校 – 教材　Ⅳ.① TS942.8

中国国家版本馆 CIP 数据核字（2023）第 030270 号

服装卖场展示设计
Fuzhuang Maichang Zhanshi Sheji

航空工业出版社出版发行
（北京市朝阳区京顺路 5 号曙光大厦 C 座四层　100028）
发行部电话：010-85672663　010-85672683

北京荣玉印刷有限公司印刷　　　　　　全国各地新华书店经售
2023 年 2 月第 1 版　　　　　　　　2023 年 2 月第 1 次印刷
开本：889 毫米 ×1194 毫米　1/16　　　字数：262 千字
印张：10.5　　　　　　　　　　　　定价：68.00 元

前言

　　本书是在国家全面深化产教融合、大力推进服装陈列设计与展示专业向前发展的背景下编写的。针对当前高等职业教育中服装陈列与展示设计专业的要求和任务，本书认真总结近年来服装陈列与展示设计教学的经验及国内民族服装品牌卖场的陈列发展变化，着重强调服装卖场构成与规划、空间设计、照明设计的基本概念、基本方法与基本操作。同时，本书以企业项目案例为目标，不仅总结了服装卖场中橱窗展示的相关知识与技巧，也注重实践应用，培养学生在卖场陈列设计课堂中形成精益求精、踏实肯干、敢于创新的职业素养，拓宽学生认知我国优秀民族服装品牌的视野。本书将课程的理论科学体系与实践应用体系进行和谐的统一，不仅丰富了理论内容，而且将具有实践特色的服装陈列优秀案例应用其中，形成全面系统的服装卖场陈列知识体系，可作为服装陈列设计与展示专业的教材，也可以作为服装陈列设计师、陈列设计员的参考书。

　　校企合作共同完成是本书编写的最大特色。本书既有丰富的服装陈列基础理论知识，又有翔实的品牌服装卖场实例，方便学习者将陈列理论知识与陈列实操统一起来。

　　本书主要作者为洪文进、金红梅、苗钰、徐高峰、华丽霞、王晋围、吴丹、李金强、陈玉发以及李波。参与编写的主要校企合作企业有天派针织股份有限公司、浙江宝娜斯袜业有限公司、浙江梦娜袜业股份有限公司、新疆锦丽源服装有限公司、新疆依翎针织有限公司、阿克苏巨鹰服装有限公司、达利（中国）有限公司、山东雷诺服饰有限公司等。全书分为五章，第一章由苗钰编写，第二章由金红梅、华丽霞编写，第三、四章由洪文进编写，第五章由徐高峰编写。全书统稿由洪文进完成，书中图片由王晋围、吴丹、李金强、陈玉发、李波整理。书中涉及的陈列案例均由以上合作企业提供。在此，对本书引用文件的著作者以及在编写过程中做出贡献的人员致以诚挚的谢意！

　　此外，本书还为广大一线教师提供了服务于本书的教学资源库，有需要者可致电13810412048 或发邮件至 2393867076@qq.com 索取。

编者

2022 年 10 月

课时安排

章名	章节内容	课时分配	课时合计
第一章 服装卖场展示概述	第一节　展示与服装展示概论	1	5
	第二节　服装卖场展示的目的	1	
	第三节　服装卖场展示的原则	1	
	第四节　服装卖场展示的工作目标	1	
	第五节　服装卖场展示与社会审美修养	1	
第二章 服装卖场构成和规划	第一节　服装卖场空间设计的原则	2	10
	第二节　服装卖场构成	4	
	第三节　服装卖场规划	4	
第三章 服装卖场陈列技巧	第一节　服装陈列基本规范	4	22
	第二节　服装陈列形态构成	10	
	第三节　服装陈列展示技巧	6	
	第四节　校企合作案例	2	
第四章 服装卖场照明设计	第一节　卖场照明基础	1	7
	第二节　灯具分类	2	
	第三节　卖场照明应用	4	
第五章 服装卖场橱窗设计	第一节　橱窗的分类和作用	4	20
	第二节　橱窗设计基本原则	4	
	第三节　橱窗设计基本方式	10	
	第四节　橱窗设计实践案例	2	

目录

| 第三章

服装卖场
陈列技巧

| 第四章

服装卖场
照明设计

| 第五章

服装卖场橱窗设计

服装卖场展示概述

| 重点与难点 |

　　掌握常见的服装陈列目的与原则，提高自身职业修养。

| 学习目标 |

　　知识目标：

　　1. 了解服装卖场展示设计的发展现状和未来趋势。

　　2. 了解服装卖场展示设计的目的。

　　能力目标：

　　1. 具有分析卖场展示设计的能力。

　　2. 能够正确表达卖场展示的目标要求。

　　素质目标：

　　1. 培养与服装卖场展示设计相关的审美和人文素养。

　　2. 培养团队协作意识与创新思维。

第一节 展示与服装展示概论

一、展示的概念

我们把商品的展示活动称为 display（陈列）、visual presentation（视觉呈现）或 visual merchandising presentation（视觉营销展示），这种称呼随展示目的、展示方法以及购物方式的变化而变化。展示设计是以空间为前提，结合视觉艺术等多种信息传播手段，通过信息传播实现对观者的心理、行为产生影响的创造性艺术设计活动。

展示涉及视觉艺术、美学、消费心理学、营销学等多门学科知识，是卖场终端展示的重要手段之一，如图 1-1-1 所示。服装展示是一门综合性学科，它是以服装为主体，借助橱窗、货架、灯光、模特、音乐、气味、POP 海报、道具等一系列元素，进行有组织的规划，以表达服装产品的特色和品牌文化、设计理念，增加服装产品的吸引力，提升服装的品牌形象，从而达到以促进服装产品销售，提升服装品牌形象为目的的视觉营销活动。服装展示设计可以翻译为"fashion display design"。

（a）

（b）

▲ 图 1-1-1 多样的卖场展示

话题讨论

根据图片内容，讨论新时代背景下构成展示的要素有哪些，以及它们分别占据什么样的地位。

二、服装展示的特征

现代服装卖场展示不仅是简单向外界传递信息的行为，更是一种有目的地对信息进行强化来传播信息差异的行为，它更加注重高效信息传递和信息反馈。服装卖场展示在营销中有重要的地位，它主要包括以下特征。

（一）以服装形象为载体，以视觉语言为主要工具

展示中所要传达的服装产品信息主要通过语言、文字、图像和实物来表达，通过视、听、触等方式传递。人类文化的多元性使得语言和文字的交流存在一定的障碍，而视觉语言更利于信息的广泛传播。因此，服装展示活动主要通过服装实物形象的展示和平面的视觉语言来传递产品信息。

（二）多维空间艺术

服装卖场展示艺术是平面与空间、视觉、听觉、触觉等相结合的艺术，由于技术的进步和不断发展的商业展示需要，现代服装卖场展示设计的手段日益丰富。形、色、声、光构成一个多维的展示空间，将产品的信息强化和夸张，使信息传播的效率成倍提升。

（三）科学与艺术的结合

随着时代的进步和科技的发展，现代服装卖场展示的观念与技术也日新月异。展示设计的发展必然离不开各种新材料、新工艺，通过不断引入更新的媒介设计，让受众感到耳目一新的独特展示艺术魅力和产品诱惑。

三、服装展示的分类

（一）服装卖场展示

服装卖场展示指在销售终端进行的服装展示，它以销售商品为主要目的。和其他场合的展示相比，服装卖场展示更加注重营销效果，其目标是吸引顾客，提高店铺的销售额，提升品牌形象。服装卖场展示主要包括卖场展示构成和规划、展示形态构成、展示色彩构成、卖场照明、橱窗设计、商品配置规划、陈列管理、展示材料学、人体工程学等内容。

（二）服装展览会场展示

服装展览会场展示主要指各种会展上的静态服装展示，这里所说的会展包括各类博览会、展销会、交易会等。品牌和产品宣传的展示主要突出品牌文化的传递。以订货和销售为主的服装展示则更注重产品商业效果，和卖场展示有一定的相似之处。

（三）服装动态秀场展示

服装动态秀场展示是指在展览现场进行的一系列实地表演，由舞台、模特、道具、灯光、音乐等元素组成。它们的展示以动态的秀场展示为主。如图 1-1-2 是校企合作企业——浙江宝娜斯袜业有限公司与义乌工商职业技术学院服装与服饰设计专业于 2021 年联合发布的春夏瑜伽服产品动态展示。

（a）　　　　　　　　　　　　（b）

▲ 图 1-1-2　2021 年校企联合发布的春夏瑜伽服产品动态展示

🗨 话题讨论

　　根据服装卖场展示的特征与分类，以国内某一品牌为例，讨论其卖场展示的艺术、科学与文化的内在关系。小组以 PPT 形式汇报交流。

第二节 服装卖场展示的目的

在品牌服饰营销理念下，我们越来越能够感受到由终端卖场展示中的产品设计、品牌文化氛围、顾客消费行为和心理活动组成的卖场终端活动的重要性。尤其是通过各种元素组合而成的商品演出，如今已不再是孤零零的商品展示，而是一个充满活力的整体，犹如剧中的人物，扮演着重要的角色。同样，此时的展示设计师就犹如该剧的导演。为了让消费者能在这个美好的"场"中进行商品的选择和购买，展示设计师除了进行商品的规划配置，还要营造出适合消费者心理活动的购买场景，将品牌文化全面展现出来。在品牌服饰展示中，不仅要对品牌形象和企业形象进行识别和强化，还要将品牌营销环境创造得更好。而对于当前的展示，最为重要的是如何推广品牌从而促成品牌共识。

展示作为品牌营销活动中的重要环节，其主要目的和作用是品牌商一直把握的根本。作为卖场终端活动中的一部分，从顾客角度出发，展示的目的主要是将商品清晰地展现给顾客，使顾客能更容易地识别产品、触摸产品，进而对产品感兴趣，最终决定购买产品。顾客在消费体验环节中对服饰产品要能实现易看、易拿、易买。因此，展示的目的和作用主要体现在以下几个方面。

一、促进销售

服饰卖场通过科学规划和精心展示布置，可以使静止状态下的服饰产品变成顾客关注的目标，用视觉语言吸引消费者的注意，可以提升商品的档次，甚至增加商品的附加价值，如图1-2-1所示。

（a）　　　　　　　　　　　　　　　（b）

▲ 图1-2-1　精致的卖场陈列

二、传播品牌文化

通过品牌服饰的卖场展示向消费者传递品牌信息和品牌文化，使消费者能够加深对品牌的印象，达到促进销售的目的。如图1-2-2所示，服装品牌"鄂尔多斯"一直秉承"舒适、柔软、绿色、纯真"的品牌文化理念，在卖场陈列空间设计中，通过品牌 logo 和自然和谐的陈列主题的呼应，强化品牌文化的传播感染力。

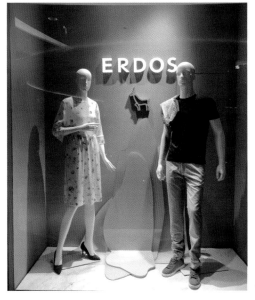

（a）　　　　　　　　　　　　　　　　（b）

▲ 图1-2-2　人与自然主题风格陈列

🔵 话题讨论

　　根据对传播品牌文化的理解，举例讨论在实现中华民族伟大复兴的伟大征途中，我国民族服装品牌的品牌文化要如何传承与传播？小组以 PPT 形式汇报交流。

三、展示商品

　　将服饰产品以最理想的状态呈现出来，使消费者能够更好地接收到产品信息并产生兴趣，进而达到引导销售的目的（见图1-2-3）。

（a）　　　　　　　　　　　　　　　　（b）

▲ 图1-2-3　商品整齐展示陈列

四、营造购物氛围

通过一定的方式打造适宜的商品展示空间，使消费者产生身临其境的感觉并对着装产生联想，在烘托商品之余达到提升消费者购买欲望的目的，如图 1-2-4 所示。

（a）　　　　　　　　　　　　　　　（b）

▲ 图 1-2-4　营造氛围陈列

五、提升品牌形象

再现消费者期望中的生活品质和场景，提升消费者的审美感受、引导其改变生活方式，以达到强化、展示品牌个性特征，加深消费者对品牌的记忆，提高品牌辨识度的目的，强化品牌的认知度。

第三节　服装卖场展示的原则

在传统服饰展示中，人们通常认为展示只是简单地将服饰商品摆放出来，忽略了产品的诸多属性以及环境氛围的影响。在新时代的品牌建设潮流中，展示不仅仅是简单地对商品进行摆放，而是在排列摆放的基础上进一步彰显品牌产品特有价值的活动，应当依据"有序""有美""有销售"三个原则进行展示设计。

一、"有序"原则

有序作为展示设计的首要原则，就是通过将杂乱无章的产品排序摆放，使产品在不同角度，不同位置上做到整齐。在服饰产品展示中，不仅要注重产品外观造型上的整齐有序，还需要综合考虑产品的其他属性，如尺寸、面料、色彩等。在进行展示设计时，要全面考虑这些产品属性，将尺寸按照由大到小，或由小到大排列，将色彩进行有节奏的排列或渐变排列，将面料所展现的不同视觉和触觉效果进行有序排列。展示的有序，离不开对服饰产品本身属性的清晰理解，这也是展示设计的基本要求（见图1-3-1）。

(a) (b)

▲ 图1-3-1　牛仔裤有序陈列

二、"有美"原则

在品牌展示设计中，除了了解产品属性，做到展示综合有序外，还要将"美"作为展示的内容之一。从人们生活水平不断提高的角度上看，品牌服饰展示越高端、越美，所占的市场销售份额就会越高。对于消费者而言，最容易被吸引的就是美的东西。为了能更好地吸引消费者进入卖场，就要将品牌卖场中最美的、最有创意的设计展现给消费者。因此，这就要求品牌服饰不仅在款式、造型、色彩、面料上要符合品牌定位，而且还要符合当季服饰产品的流行趋势。同时，除产品之外的一切道具也都要做到精美，无论是产品道具还是氛围道具。除此之外，在展示设计中，要求设计师能够综合掌握展示技巧，将流行的、时尚的设计元素应用在卖场展示设计中。如图 1-3-2 所示，该卖场一方面在显眼的地方（即中岛区域）陈列了当季主推款、畅销款，以展现产品在营销部分中的重点陈列作用，另一方面选择了用色彩渐变的方式来展示各款时尚服饰，以展现卖场整体节奏感。

（a）　　　　　　　　　　　　　　　（b）

▲ 图 1-3-2　卖场陈列展示

三、"有销售"原则

作为品牌服饰的展示，要做到让顾客在面对服饰商品营销时，产生一系列意识活动，将顾客的注意力、兴趣、愿望和行动综合反映出来，最终影响顾客的消费活动，实现商业价值。因此，在这样的要求下，品牌服装展示不但要按高要求将服装商品有序展现出来，还要将这些商品与道具、环境综合在一起，实现既符合品牌风格、定位，又能够很好地传达出服饰产品的艺术风格、流行元素和深刻的韵味的目的。这会使消费者在面对这样的展示时，能够产生与自己的生活方式相关的丰富联想，对品牌或产品产生认同感和归属感，激发购买欲望，同时加深对产品的印象，留下对产品的好感。如图 1-3-3 所示，卖场墙面展示与展台展示不仅在整体环境风格上保持一致，展现出简约风格，而且在服装产品的色彩陈列中，将色彩的节奏与卖场简约风格相呼应，既表达出了卖场是商品销售的场所，又体现出艺术气息，让消费者产生一种心旷神怡的感觉。

（a）

（b）

（c）

▲ 图1-3-3 产品、道具与环境统一的商业价值陈列

🐚 话题讨论

　　根据对服装卖场展示原则的理解，举例讨论服装卖场展示原则在品牌服装终端销售中的具体应用。

第四节　服装卖场展示的工作目标

根据服装卖场展示内容的不同，展示工作的目标可以分为三个层次。

一、规范和有序

在品牌服饰卖场中，首先不仅要保证卖场的整洁、规范、有序。货架、货柜、流水台、橱窗等均无灰尘，而且还要保证摆放有序、整洁，商品堆放、挂装平整，卖场内灯光明亮，色调柔和，符合品牌风格。如果这几点基础的要求都无法实现，那么我们就不能胜任品牌服饰卖场展示工作。作为卖场展示的基本要求，规范就是将卖场划分为各个区域，按照区域大小、商品种类、顾客行走路线等要素，设置好货架、货柜等道具的尺寸大小，确保卖场内有足量的空间感。

二、和谐与合理

卖场的通道要根据科学规划设计，不能随意堆放货架、货柜、流水台等道具。它们的摆放既要符合人体工程学，又要与卖场内的商品之间相互呼应，符合品牌风格。在服饰色彩、款式、尺寸等要素上要与卖场内的整体风格和谐统一。

三、时尚和个性

在品牌林立的时代下，无论是时装、内衣还是家居服，无一不被打上时尚、个性的烙印。作为服饰终端，卖场展示也是如此。因此，在品牌服饰卖场中，要确保卖场始终保持时尚感和个性化，除了要让顾客能清楚地感知到商品的时尚性之外，还要明确当季商品展示的个性化所在，让消费者能为之所动，流连忘返。作为卖场，一方面要吸引消费者进店购买，另一方面更是要让消费者从品牌本身了解更多的商品时尚信息，如当季产品的主推款、流行色及有关服饰流行搭配等，让消费者充分感受到卖场的时代性和前沿性。

🐚 话题讨论

根据对服装展示工作目标的理解，谈谈新时代的背景下品牌服装陈列设计师应具备的职业素养和技能有哪些。作为当代服装设计类学生，如何将职业素养体现在陈列设计工作中。

第五节　服装卖场展示与社会审美修养

服装卖场陈列是以美为前提的，没有相当的审美修养就没有成功的卖场陈列。

一、基本的审美修养

服装卖场作为服装商业活动的主要场所，它具有明显的美学特征，但是把握这个美却并非易事。首先，美学理论一直被认为是一种"玄学"，它属于哲学范畴，非常人能理解。其次，关于美的定义至今还没有定论。然而，这并不影响人们对美的探讨和研究，人们从各个方面、各个角度及各个层次和深度上，探寻着美的无穷无尽的魅力。美感作为一种特殊的认识世界和把握世界的方式，和其他认识方式一样，也是以感性认识为基础的。在审美时，人们首先必须以形象的直接方式去感知对象，即美感是以形象的方式来直接呈现的。这是因为，审美对象都有一定的感性形象及外部特征，人们只有通过这些外部特征才能体验美的形象。服装卖场陈列中，服装的款式、色彩、质感、肌理、线条和构成关系，卖场的环境、氛围和道具等直接的感知或表象，无不以生动具体的形象表达着服装的美感。

二、服装卖场展示美的表现形式

展示设计具有审美功能，通过展示活动，人们可以清晰地认识到人类的生产活动规律、创造性思维。现代展示设计艺术不仅能体现社会、历史的发展脉络，还可以传播自然、人文等多方面的理念。这种集中的体验将会带给人们快速提升审美修养的意识和能力。

服装卖场展示设计可以快速提升人们的审美。参加多样的展示活动，不仅可以从卖场中获取流行资讯，而且可以快速获取新鲜事物，提高对服装产品的认知，尤其可以提高对服装产品的新材料、新工艺、新技术发展现状和变化规律的把握，从而大大提升自身在社会中的服装展示综合审美能力和技术水平。

三、服装卖场的社会审美意义

从哲学的角度来看，社会审美是事物对立与统一的极好证明。审美的对立显而易见，体现为它的个体性。审美的统一则通过客观因素对人们心理的作用表现出来，即在不同时代或人生阶段，人们所处的环境，或多或少会对人们的审美观造成影响。

在品牌时代下，人们越来越关注到卖场终端设计内容的亲民化和普适性。由此，人们也越来越感受到由服饰产品设计、品牌文化、营销策略、消费心理等元素组成的视觉营销推介对品牌发展的重要意义。在各种元素组成的卖场中，服饰产品不仅仅是一件件孤立的商品，而是这个品牌时尚剧中的重要主角。因此，为了配合主角演好角色，并呈现好品牌文化，使得消费者在美好的"场"中进行消费，服装卖场要把握好展示内容的全面性。

第二章

服装卖场构成和规划

| 重点与难点 |

    1. 掌握服装卖场空间设计的原则。

    2. 熟悉卖场空间组成部分及作用。

| 学习目标 |

  知识目标：

  1. 了解服装卖场空间设计的原则。

  2. 掌握陈列规划的构成制订流程。

  3. 熟悉卖场空间规划实施的注意事项。

  能力目标：

  1. 具有分析服装卖场空间规划设计的能力。

  2. 能熟练使用 PS、AI 等设计软件进行卖场空间规划图绘制。

  素质目标：

  1. 培养流行文化品位和时尚信息敏感性。

  2. 锻炼勇于奋斗、积极乐观的职业精神。

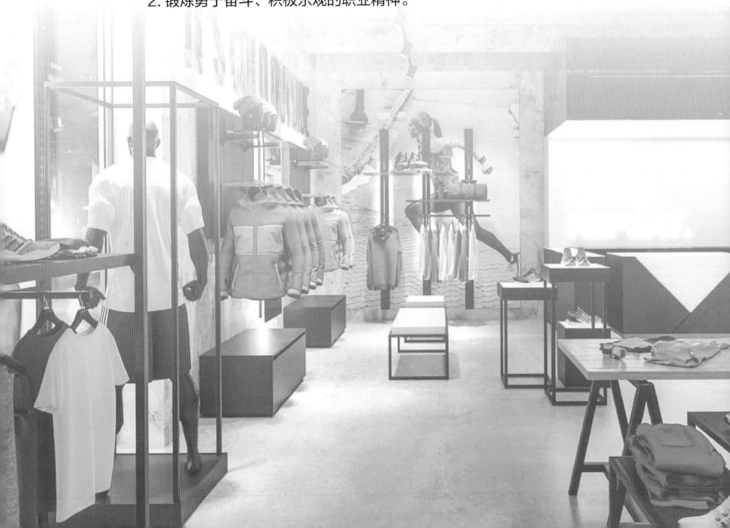

第一节 服装卖场空间设计的原则

服装卖场的建设与布局应充分体现科学与艺术的有机结合。这是一个比较复杂的空间问题，涉及光学、声学、心理学、美学等多门学科的综合运用，需要设计师合理统筹考虑商品的种类、数量，经营者的管理理念，顾客的消费心理、购买习惯，以及卖场本身的形状大小等因素。例如：根据顾客的购物习惯、消费心理和格调品位来安排货位；根据人流物流的大小方向、人体力学等来确定通道的走向和宽度；根据经营商品的品种、档次、关联性和磁石理论来划分售货区等。因此，有必要对服装卖场的空间设计进行认真深入的研究。其主要构成原则有以下几个。

一、充分体现自身特色

服装卖场可以有不同的市场定位和企业形象定位，但是成功的卖场总会把低价位销售作为企业形象设计和卖场设计的一个基本内容来考虑。目前，大部分服装卖场的规划与布局千篇一律，尤其是在结构、设备、设计、装饰方面没有明显区别。因此，在一定程度上增加了顾客识别的困难，让顾客很难对卖场形成特别深刻的印象，也就更谈不上以优美的环境来吸引顾客，增加销售量了。五彩缤纷的内部装潢、舒适柔和的灯光、新式家具、简明的标识、宜人的室温，都是形成舒适的卖场气氛的重要因素。

二、坚持有机的统一

大部分品牌服装卖场是由陈列设计师进行设计的，都设有企划部门，都要坚持做到与品牌风格的有机统一、内外形式统一、行为识别与经营理念统一、内在服务质量与外在服务形式统一。其中视觉识别系统是最直接、冲击力最强的，它主要包括内外两个因素：外部因素指店面形象，如店名、招牌、外观装修；内部因素指店内形象，如商品品种、卖场布局、陈列方法、店内装修及设备、色彩照明等。

三、成为促销的一种工具

服装卖场规划与设计的目标就是尽量使卖场对顾客产生吸引力和为顾客提供方便，同时有效利用空间，以求获得令人满意的销售量和可观的利润。因此，在本质上，卖场的设计就是促进销售的一种方式，也就是借着规划、布局的调整使多种功能得到充分有效利用，以求使商品最大限度地得到展示。这主要表现在：①顾客能够自由地环游整个卖场；②由高利润冲动性购买的商品销售转变成条理分明购买的均衡销售；③创造良好的卖场印象和具有吸引力的招徕顾客的环境，有效地利用空间。如果想达到理想的设计目标，就必须集冲动性购买商品、便利品和必需品于一炉。这样，回转快的商品才能吸引顾客游览完整个卖场，购买各种商品。由此看来，唯有良好的规划与设计，才能获得均衡销售和高额净利润。

四、满足空间需求

在进行服装卖场规划与设计之前，经营者应该认真核算所需面积，卖场中所包括的商品、部门、组区、种类、数量等，要做到心中有数。同时，服务性的设施所需的面积，如休息区、收货区、收银台、中岛区、通道等，也应该计算出来。这样，在规划设计和建筑中，才能留有足够的需求空间。在决定面积需求方面，考察类似的卖场也会有帮助。

实训项目

序号	实训内容	实训时间	实训评定（五星制）
1	服装卖场空间场景图对比分析，从设计原则角度出发，详细阐述服装卖场空间的原则应用，小组以 PPT 形式汇报	2 课时	
实训要求：应用本节所学知识，利用卖场调研实践的机会收集素材，练习制作服装卖场空间场景图并进行对比分析。可用 PPT 制作，提交电子版文件，注意在练习过程中注重团队协作。可先在下方进行草图构想			

草图构想

第二节　服装卖场构成

一个成功的服装卖场主要由 2 部分组成：①场地；②气场与人场。场地是指卖场的位置和实际面积大小，是商业卖场构成的关键要素，它的科学合理规划直接影响卖场产品的销售。气场和人场是销售效果的直接体现，需要考虑整体销售策略。由此，可以将卖场分为导入部分、营业部分、服务部分（见图 2-2-1）。

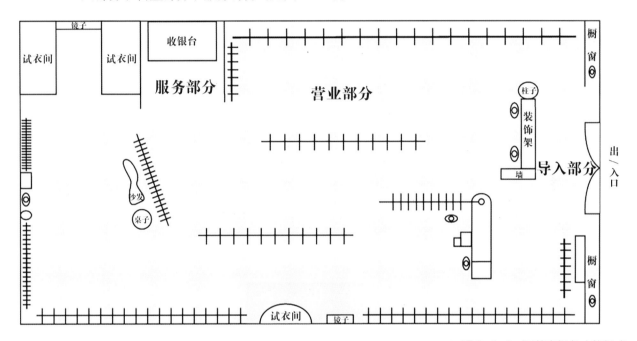

▲ 图 2-2-1　服装卖场各功能组成

一、导入部分

服装卖场的前端，是顾客第一时间接触的区域，其功能是在第一时间告知顾客卖场产品的品牌特色、透露卖场的营销信息，以达到吸引顾客进入卖场的目的。导入部分是否先声夺人将直接影响顾客的进店率以及卖场的营业额。

导入部分主要由 5 部分构成，具体如下。

（一）店头

店头通常由品牌标识或图案组成，店头设计应力求简洁明快，安放高度需考虑行人的视野（见图 2-2-2）。

（a）　　　　　　　　　　　　　　　　　　（b）

▲ 图2-2-2　店头

（二）橱窗

橱窗由模特或道具组成的一组主题，形象地表达品牌的设计理念和卖场的销售信息，反应品牌个性和当季主推产品特色（见图2-2-3）。

（a）　　　　　　　　　　　　　　　　　　（b）

（c）　　　　　　　　　　　　　　（d）

▲ 图 2-2-3　橱窗

（三）流水台（陈列台）

流水台与橱窗呼应，摆放重点推荐或能表达品牌风格的款式，用一些造型组合来诠释品牌风格、设计理念、销售信息等，有单个和组合（子母式）之分（见图 2-2-4）。

（a）　　　　　　　　　　　　　　（b）

▲ 图 2-2-4　流水台

（四）POP 看板

POP 看板放在卖场入口处，用图片和文字组合的平面 POP 可以展示卖场的销售信息（见图 2-2-5）。

（五）出入口

卖场出入口的大小、造型需与品牌定位相适应（见图 2-2-6）。

二、营业部分

营业部分是商业卖场的核心，是进行产品销售的地方，该部分规划的成功与否直接关系到销售量的多寡。营业部分主要由各种展示器具组成。例如，在服装商业卖场中，营业部分中的展示器具按形状分，主要有货柜和货架（长架、风车架、圣诞树架等）（见图 2-2-7）；按高矮分主要有高架（柜）（见图 2-2-8）、矮架（柜）；按位置分主要有边架（柜）（见图 2-2-9）、中岛架（柜）（见图 2-2-10）；按功能分主要有衣帽架（柜）、饰品架（柜）（见图 2-2-11）、鞋架（柜）（见图 2-2-12）。其中，高架（柜）为 200 ~ 250 cm，沿墙摆放，销售额高，可叠放、正挂、侧挂，储存量大；矮架（柜）为 130 cm 以下，也称中岛架，摆放于卖场中部，多为侧挂；风车架可多方位展示服装，兼顾顾客不同角度的视线。

裤架专用于陈列展示裤装；饰品柜（架）可丰富服装搭配，增加销售额，包括开架陈列和封闭式陈列等。

▲ 图 2-2-5　POP 看板

▲ 图 2-2-6　简洁大方的出入口

▲ 图 2-2-7　长架

▲ 图 2-2-8　高柜

▲ 图 2-2-9　边架

▲ 图 2-2-10 中岛架

▲ 图 2-2-11 饰品架

▲ 图 2-2-12 鞋柜

三、服务部分

商业卖场的服务空间设计是为了更好地辅助卖场销售，使顾客能更好地享受品牌的增值服务，实现商品的最终购买。在市场经济竞争越来越激烈的今天，给顾客提供更加优质的服务，已成为许多品牌追求的目标。服务部分主要包括试衣间、收银台、休息区、仓库等。

（一）试衣间

试衣间是提供给顾客试衣、更换服装的区域。试衣间包括封闭式空间、半封闭式空间以及试衣镜。从顾客在整个卖场的活动流程来看，试衣间是顾客决定是否购买商品的最后一个环节（见图 2-2-13）。

（a）　　　　　　　　　　　　　（b）

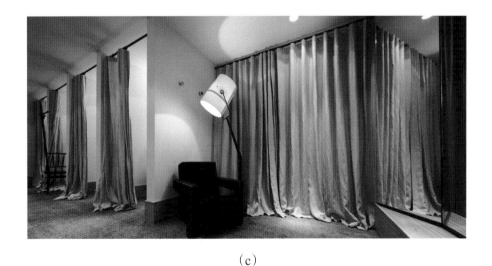

（c）

▲ 图 2-2-13　卖场试衣间部分

（二）收银台

收银台是顾客付款结算的地方，从卖场营销的整个流程来看，它是顾客在卖场活动的最后一个地方，是购物的终点。但从品牌的角度看，它是培养顾客对品牌忠诚度的起点。它是卖场的指挥中心，也是店长和卖场工作人员活动的位置（见图2-2-14）。

（a）　　　　　　　　　　　　　　　　（b）

▲ 图2-2-14　卖场收银台部分

（三）休息区

休息区是顾客在卖场活动中进行中间休息的场所。随着品牌的竞争意识不断增强，为了给顾客提供更好的卖场体验，增强对品牌的宣传推广，休息区的设置成为众多卖场必须考虑的空间设计部分。因为在这里不仅可以为顾客提供休息服务，还可以让顾客体验品牌的特殊性，近距离、长时间感受品牌的魅力（见图2-2-15）。

（a）　　　　　　　　　　　　　　　　（b）

▲ 图2-2-15　卖场休息区

（四）仓库部分

在卖场中设计仓库，可以更好地存储商品，并在最短的时间内完成商品的补充。仓库设计的主要目的是每日对卖场中的货品进行补充。

实践实训

以某一校企合作企业品牌服装卖场为例，根据所学的卖场规划构成要素划分区域，并详细讨论不同区域的要素组成，并用 PS、AI 等绘图软件设计该卖场平面规划图。要求卖场平面图规范合理，标注详细。

平面规划图练习区域

第三节　服装卖场规划

　　成功的卖场规划（见图 2-3-1）能够提高卖场的营业效率和营业设施的使用率，也是吸引顾客进店并使顾客对商品产生购买欲望的重要因素之一。卖场分区需根据顾客的购物次序，由大到小进行布置。顾客习惯的路线即店内主通道。大型商场可以设计为环形和井形；小型店铺可以设计为 L 形和反 Y 形。

（a）

（b）

（c）

（d）

▲ 图 2-3-1　有规划的服装卖场

一、分布区域

服装商业卖场分区的原则是便于顾客进入和购物，方便顾客看、取、试、买，有着宽敞、简洁的卖场环境（见图2-3-2）。

（a）　　　　　　　　　　　　　　（b）

▲ 图2-3-2　宽敞、简洁的卖场环境

（一）便于货品推销和货品管理

1. 有效的货品推销

（1）卖场的导入部分、营业部分、服务部分相互呼应，衔接紧凑。

（2）货架、服务设施合理布局，使各个区域客流量均匀，方便管理。

（3）在试衣间、收银台、购物通道设置饰品、搭配服装货架，促进连带消费。

2. 简洁、安全的货品和货款管理

（1）卖场的中间部分设置矮架，使视野通透。

（2）收银台、试衣间置于卖场后方，便于管理货品和货款。

（二）便于货品陈列的有效展示

为突出不同当季系列，卖场需将各系列进行分组陈列。分组陈列往往通过货架、货柜、流水台的组合来实现（见图2-3-3）。

二、规划通道

合理的通道规划可以使消费者在卖场内浏览商品的过程更舒适、更全面，进而对购物产生更浓厚的兴趣。

▲ 图2-3-3　货品有效组合

（一）通道规划的主要原则

通道规划的主要原则是便捷与引导。

1. 考虑通过性

卖场入口、店内通道的设计要使顾客容易进入，方便通过（便捷），同时使顾客能够到达卖场的各个角落，避免死角（引导）。

2. 考虑停留空间

卖场的最终目的不是让顾客通过，而是使之停留观察商品，最终达成销售目的，故重点区域（主打款、新款、热销款区域等）要留有绝对空间。

（二）卖场通道的类型

卖场通道需根据商品类型和卖场面积、形状等实际问题进行合理规划。其通道的主要类型有以下三种。

1. 直线型通道

一条单向通道（或辅助几个副通道），使顾客沿着同一通道做直线往复运动。其优点是布局简洁、一目了然、节省空间、易于寻找货品、便于结算。缺点是生硬、冷淡、僵化、一览无遗。此类通道适用于小型卖场，不适用于大型卖场、不规则场地、过于深长的场地（见图2-3-4）。

2. 环绕型通道

以环形围绕整个卖场。优点是具有指向性，有效引导顾客，提高边柜的关注度。此类通道适用于较大场地的卖场，或中间有货架等设施的卖场（见图2-3-5）。

3. 自由型通道

货架布局灵活，通道呈不规则状，卖场中空，无货柜引导，浏览路径自由。优点是使顾客更加放松，顾客可根据意愿随意走动挑选商品，增加购买机会，缺点是浪费空间、无引导性，顾客路线混乱。此类通道适用于高端品牌，客流少、场地小的卖场（见图2-3-6）。

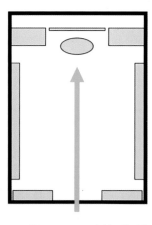  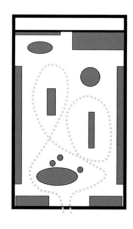

▲ 图2-3-4　直线型通道　　▲ 图2-3-5　环绕型通道　　▲ 图2-3-6　自由型通道

实践调研

　　以任意品牌为例，以小组为单位开展该品牌卖场规划的合理性调研，分析卖场规划中通道设计的作用，小组以PPT形式汇报调研结果。要求小组成员团结协作，分工完成调研任务。

服装卖场陈列技巧

第三章

| 重点与难点 |

1. 掌握服装陈的基本技巧与方法。

2. 在品牌服装陈列中综合运用不同陈列技巧。

| 学习目标 |

知识目标：

1. 了解服装卖场空间陈列的基本要求。

2. 了解陈列的基本技巧。

3. 掌握常规服装陈列方式的特点。

能力目标：

1. 能正确分析陈列技巧实施过程中出现的问题。

2. 能正确理解服装卖场陈列形态的组合方式。

素质目标：

1. 学习爱岗敬业的岗位素质和精益求精的职业态度。

2. 感悟陈列师的工匠精神。

第一节　服装陈列基本规范

在服装陈列过程中，服装陈列师需要将商品的既定形状和表现，按照卖场的空间形状进行组合与排列。

每件服装本身就是一种造型。服装设计师在设计时就是以人为对象，人体活动和动态状态为目标，考虑服装要如何在顾客身上展现出美感的。因此，在服饰终端展示过程中，陈列设计员（师）应在服饰陈列形态展示上加以规范，其中主要包含陈列设计员（师）基本操作规范和陈列形态展示规范。

一、陈列设计员（师）操作要领

作为从事陈列设计岗位的人员，在进行陈列设计之前，要了解品牌服饰的产品属性和陈列出样的基本要求，例如陈列出样产品大类、产品风格、当季产品主推款、流行款和走量款。其次，明确卖场空间规划要求，对卖场空间功能划分做到心中有数。最后，陈列设计员要具备较高的职业素养。例如，每次陈列时要确保手部干净，一般要求设计员（师）佩戴白色手套，在进行 VP、PP 等区域陈列时，要根据品牌陈列手册进行指导性陈列，切勿凭借主观意念陈列。

二、陈列展示规范

品牌服饰在终端建设及维护方面逐渐加大力度，并且将逐步形成自身陈列规范。主要有如下方面。

（一）服装陈列基本规范原则

1. 分区规范原则

将货场分为不同展示区，如分成男鞋服区、女鞋服区、配件区、特价区。

2. 分类规范原则

在不同区域内，以不同种类分放货品。如男鞋服区内又分运动类和休闲类。

3. 款式规范原则

每一类商品再按款式简繁摆放，如按颜色由简单到繁复摆放；每一款中，颜色按由浅入深摆放，尺码按由小到大摆放。

4. 摆放位置明显

应季商品需放在当眼位置，新款应该放在明显区域，品种较多或销售较好的商品可占较大面积，以便顾客选取，特卖品应用独立的一片区域进行陈列，并标以明显的标识。

（二）服装陈列规范基本要求

（1）每件衣服必须熨烫平整方可挂出。

（2）正挂服装从外到里对应尺码由小到大。

（3）侧挂在一起的服装朝向相同，色彩渐变。

（4）挂钩呈问号，即正挂从右向左挂入，侧挂从外向里挂入，以便顾客拿取。

（5）裤子需用专用裤架展示，并且要把品牌标识朝向顾客。

（6）叠装必须叠出产品卖点，运用不同的折叠方法突出衣领，袖口，侧边等，叠装必须整齐，高度一致。

（7）正挂的挂装，第一件标价签不可外露，以免标签挡住款式。

（8）挂装的款式摆放必须在附近，以便拿取。

（9）挂装色彩搭配要有层次，注意冷暖搭配。

（10）模特衣服整齐，手势正确，模特鞋清洁。

（三）配件陈列基本规范要求

（1）每只出样的鞋必须系好鞋带，填入填充物，使鞋挺括。

（2）朝外的一面一定要有品牌标志。

（3）同一组货架上的鞋尖朝向同一方向。

（4）橱窗陈列、与服装配套陈列以及突出展示时，需成双出样。

（5）鞋要按功能划分区位。

（四）组合陈列规范要求

（1）把服装和与之相配的鞋陈列在一起，形成系列展示。

（2）服装正挂、侧挂和折叠组合陈列。

（3）鞋和服装以一组或几组的展示面交替排列。

（4）以上三条结合使用，使卖场更有动感，更加丰富多彩。

（五）其他陈列规范要求

（1）陈列量不得超过7成满，以免货品太挤，致使顾客难以挑选。

（2）每周调整陈列至少1次，通常在周五进行，以新面貌迎接周末的销售高潮。

（3）收银台摆活动说明牌、售后服务说明牌，以方便向顾客说明。

（4）试衣镜、试鞋镜干净整洁，试衣间无纸屑。

（5）后仓物料摆放整齐。

（6）POP架清洁，海报位置摆放合理，数字贴无破损。

（7）店堂灯光合适，射灯使用正确。

（8）橱窗整洁。

（9）员工铭牌整洁。

（10）音乐音量适中。

实训项目

序号	实训内容	实训时间	实训评定（五星制）
1	单元高架模拟练习	1 课时	
2	单元矮架模拟练习	1 课时	

实训要求：应用本节所学知识，利用卖场调研实践的机会收集素材，练习服装卖场陈列基本技巧。可用虚拟仿真软件完成模拟训练，注意在练习过程中注重团队协作。可先在下方进行草图设计

基本陈列设计草图

第二节　服装陈列形态构成

一、服装陈列形态构成原则

在品牌服饰终端卖场中，商品展出以组合的方式居多，而组合的方式必然包含了两个及两个以上的元素。因此，在卖场中，组合方式呈现多样化，如商品与货架组合、商品与商品组合、商品与道具组合等，无论组合方式有多少，其组合方式都应从美学、科学和管理学的角度出发。不同的品牌服饰终端陈列形态构成标准和规范也各有不同，但总体上应具备一个特征：保持序列感。

卖场的有序整齐是陈列的基本要求。没有顾客喜欢在杂乱无章的卖场中停留，特别是当前品牌林立的时代下，整洁、有序不仅能让顾客在视觉上感受到卖场的舒适性，而且能从心理上感受到品牌的规范性，进而提升对商品质量的信任。同时，在购买或者试样过程中，整洁、有序的陈列能帮助顾客快速找到商品的位置，为顾客节约时间，提高潜在购买率。

要卖场中保持序列感，必须做到以下4点。

（一）货品造型要打理整齐

要能够对货品进行有序分类管理，根据款式、色彩、面料和品牌风格进行有序的排列组合，使整个卖场中的货架、货柜、流水台，橱窗都能按一定的尺寸顺序组合。例如，货品侧挂时，尺寸排列顺序按照从左到右、从小到大的原则和要求进行排列；货品在进行叠装时，应当遵循从小到大、从上到下的原则进行组合排列，其目的就是顺应顾客购买习惯（见图3-2-1）。

（a）　　　　　　　　　　　　　　　（b）

（c）　　　　　　　　　　　　　　　　（d）

▲ 图 3-2-1　服装与饰品从大到小、色彩有序排列组合

（二）体现整体性

卖场中任何一个商品或道具都属于某一个整体，不能独立存在于卖场之中，应符合卖场空间规划布局和实际展示效果。例如，有些陈列设计员（师）为了追求展示效果的独特性，将商品和道具组合陈列得"别具一格""独树一帜"，虽然形成了特殊的风格，局部效果也展现得非常好，但是从整个卖场布局来看，却显得繁杂，缺乏整体感觉。

近几年，国外一些品牌服饰卖场陈列做得比较简洁，这并不意味着设计员（师）不懂得陈列，而是他们懂得商品只是整个卖场中的一小部分，犹如合唱团中的一员。因此，必须强调个体与整体的统一性，不能一味地强调个体，而破坏卖场这一整台戏（见图 3-2-2）。

（a）　　　　　　　　　　　　　　　　（b）

▲ 图 3-2-2　简洁大方的卖场空间

（三）视觉美感

服饰陈列的最终目的就是吸引顾客进店消费，激发顾客的潜在购买欲，最终通过在卖场中的一系列活动，完成购买的目的。高级成衣品牌"白领"（WHITE COLLAR）前陈列设计总监田燕曾说过："再好的产品，陈列得像抹布似的，顾客看不出产品的好，而将这块抹布熨烫得平整，再给它戴上花，放在优雅的环境中，就能卖好几千块钱。"由此说明，只有美的事物才能吸引顾客的眼球，只有美才能增加物品自身的附加值。因此，服饰陈列的首要任务便是将各种服饰以最美的姿态呈现在顾客眼前（见图3-2-3）。

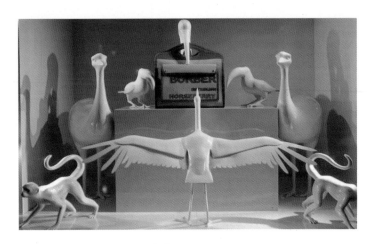

（a）

（四）展示品牌风格

上述所说"美"是陈列的直接目的，那么如何形成和谐、统一的美则是陈列展示的关键。商品美的展现必须和品牌风格一致，品牌风格犹如人的性格，每一个品牌都具有自己独特的产品风格和陈列形态风格。我们要不断探索品牌内涵、寻找一些属于并适合自己品牌风格陈列的元素、造型（见图3-2-4）。

（b）

▲ 图3-2-3　包饰的陈列要以美的事物相烘托

（a）　　　　　　　　　　　　　　　（b）

▲ 图 3-2-4　随意的形态和单色展示品牌的休闲风格

如图 3-2-5 所示的店内货架陈列，中间货架上的商品并没有按照常规陈列方法将商品有序地排列在货架上，而是直接将商品高低错落地挂在货架外侧。正是这种随意的陈列形态，使得人们能够立刻领会到这个品牌随意、休闲、青春张扬的性格特征。反之，如果将该店面搬到休闲商务品牌的卖场陈列中，肯定不合适。

陈列风格解析

（a）

（b）

▲ 图3-2-5　随意休闲、青春张扬的陈列风格

　　应用本节所学知识，根据服装陈列形态的基本要求，分析卖场陈列应如何与品牌风格、品牌文化相融合？图文结合，制作PPT进行案例汇报。在实践过程中要求具有团队协作精神，任务分工明确，共同完成调研汇报。

二、服装陈列形态构成原理

　　服饰是一种软雕塑，因此，服装设计师有时被人们称为"雕塑家"，但从另一个角度看，服饰陈列设计师也不仅是"雕塑家"，还是卖场中的"导演"。

　　作为卖场中的雕塑家和导演，陈列设计师需要对卖场中的商品进行二次塑造和角色分配。因此，首先要熟悉商品自身属性，掌握其陈列形态的美学原理，同时熟知基本的陈列技巧。只有这样才能将卖场陈列工作做得井井有条、游刃有余，才能塑造出一件件艺术品。即便在静止状态下，也能将商品组合出种种动态的美感，用无声的语言吸引顾客的青睐。

　　在品牌服饰卖场中，不同陈列形态给人的感觉是不一样的。因此，卖场中的陈列形态构成首先要从平面构成原理出发，分析它在卖场中的地位和作用。

　　如图3-2-6所示，线条的粗细、长短、位置、形状、大小都会给人以不同的视觉效果和心理感受。左图中的线条，具有排列整齐、线条粗细均匀的特点，右图中线条虽然粗细不均匀，但是整体自由、放松、活泼，这两种线条所传递出的视觉效果是截然不同的，前者给人的心理感受是规矩、有序；后者给人的心理感受是轻松、欢乐、行云流水。这两种陈列形态就构成了最基础的陈列语言。

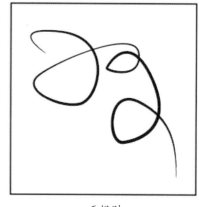

规则
有序排列

无规则
无序排列

▲ 图 3-2-6　平面构成基本原理

　　除了基础的平面构成语言之外，还可以通过改变物体的立体构成元素，以创造丰富多样的展示效果。这些变化主要分为两种风格：一是呈现秩序美感，给人以安详、平稳、安全的感觉；二是呈现出个性、张扬、刺激、活泼的风格。卖场陈列的不同造型组合变化如图 3-2-7 所示。

（a）

（b）

（c）　　　　　　　　　　　　（d）

▲ 图 3-2-7　卖场陈列的不同造型组合变化

造型风格解析

　　每一个顾客，都会期望店铺明亮、整洁、舒适、有秩序。因此，卖场中首先要确保序列感，序列感不仅体现在货架上，还要体现在货品陈列形式上。例如，在店铺中，常见的陈列形态有叠装、正挂、侧挂，每一种陈列形态都必须将服饰折叠整齐，或挂得井井有条。这些也是卖场中最普遍的陈列方式，常用在货架和货柜上。

　　但是在卖场陈列中，不能全部采用有规则的陈列形态，因为过于规则会使得卖场的整体风格显得呆板。服饰陈列设计员（师）要在卖场的原本规则中，打破规则，制造一些生动的陈列形态，从而吸引顾客。常见的陈列形态是人模组合，也可以通过增添搭配道具点缀陈列。这种陈列形态比较自由多样，是流水台和橱窗陈列中重要陈列形态（见图 3-2-8）。

（a）　　　　　　　　　　　　（b）

（c）　　　　　　　　　　　　（d）

▲ 图 3-2-8　不同人模形态的组合方式

三、服装陈列形态组合方式

人模组合姿态

从品牌服饰卖场陈列审美的角度分析，当前卖场中常用的陈列形态组合方式主要有对称法、重复法、均衡法。

（一）对称法

对称法即以一个中心物为对称点，两边采用相同的排列方式。这种陈列形态具有较强的稳定性，给人一种规律、秩序、安全、和谐的美感，因此在卖场陈列中被普遍应用。

在一个陈列面中（见图 3-2-9），对称法同时适合较小的和较大的陈列面。但是如果对称法被过度运用，那么也会令人感到四平八稳，没有生机感。因此，在卖场陈列中，不能单一地使用对称法，要结合其他陈列形态，在原有的基础上进行一些小的变化，以此添加陈列的形式感。

▲ 图 3-2-9　规律而和谐的对称陈列

（二）重复法

重复指的是两种以上的元素以不同的形态反复、交替、循环出现。这种陈列形态组合方式通常会出现在货柜和货架中的陈列面。交替出现的陈列形态，让人联想到音乐的快慢节奏，以及这种节奏所表现出的强弱变化、和谐统一，因此，采用了这种陈列形态的卖场通常给人一种愉悦的律感（见图3-2-10）。

（a）　　　　　　　　　　　　　　　　（b）

▲ 图3-2-10　重复陈列提高视觉冲击力，提升韵律感

（三）均衡法

卖场中的均衡法常常是用来打破对称法的。通过对服饰、服装、道具之间的陈列和位置的精心设计，获得一种新的平衡。在均衡法的运用过程中，避免了对称法的平静，在有序的过程中增添了一份动感。

在品牌服饰卖场中，均衡法通常会与其他陈列组合方式一起运用，一组服饰单品陈列面中会有一系列的服装和服饰配件的组合搭配。用好均衡法可以满足货品排列的合理性，同时能够给卖场陈列带来活泼、欢悦的氛围（见图3-2-11）。

（a）　　　　　　　　　　　　　　　（b）

▲ 图 3-2-11　活泼、欢悦的均衡法陈列

四、服装陈列形态种类

依据品牌服饰风格定位，卖场陈列形态也各有不同，常见的陈列形态种类有叠装、正挂、侧挂、人模组合、装饰品陈列等。

（一）叠装陈列

叠装指的是将服装以折叠的形式出样陈列的一种方式（见图 3-2-12）。

（a）　　　　　　　　　　　　　　　（b）

▲ 图 3-2-12　牛仔风格品牌服装叠装陈列

1. 叠装的特点

（1）充分利用卖场空间，为卖场提供一定的存储空间。

（2）展示部分服装细节，为顾客提供视觉冲击。

（3）丰富其他陈列形态，为顾客提供便捷。

（4）提升色彩搭配的丰富程度。

2. 应用风格

叠装陈列普遍应用在休闲风格类品牌卖场中。因为休闲风格的服饰产品比较容易进行叠放。一些中档品牌价位低，销售量大，店铺中需要更多的空间进行存储，为了达到能充分利用卖场空间资源的目的，会大量采用叠装的陈列形态。另一方面，许多休闲类服饰追求体量感，叠装就很容易令人产生填充货品的感觉。

当然，其他类型风格的服装也可以采用叠装陈列形式，但是其陈列的目的就和休闲类型风格有所区别。例如，在一些高端女装品牌中，采用叠装的陈列形态主要就是为了丰富陈列形式。

进行叠装陈列比较费时，通常情况下，在叠装旁边会拿出一件挂装出样，以此来满足顾客试衣需求。

3. 叠装陈列的基本技巧

（1）每件服装必须先除去包装，做到服装平整，尤其是肩部和领子部位保持整齐、对称。同时，保证服装吊牌不外露。

（2）叠装中服装尺寸尽量一致，如有不同应保持从上到下、由小到大的尺寸排列。

（3）对有图案和色彩的服装，在叠装时，应该将图案和重点色彩展示出来，同时做到上下一致。在货柜上叠装陈列时，要求叠装高度与隔板之间留有1/3左右的空间量，方便顾客拿取。

（4）同一隔板上每一叠服装之间的距离尽量保持在一拳左右，不要太挤，也不要太松。

叠装陈列基本
技巧实操展示

（5）在叠装陈列的附近要配合同款服装挂装陈列，使得顾客能更加清晰地看到叠装服装款式的细节和设计点，进一步激发顾客的购买欲望，同时这也是为了方便顾客拿取。

（6）叠装是最基本的陈列形态，但是并非所有的服装都可以叠装。通常情况下，适宜叠装的服装款式有衬衫、裙子、T恤等面料厚薄适中款，对于一些不规则、面料较薄的款式，则不易采用叠装陈列。

（二）正挂陈列

正挂是指将服装正面展示的一种陈列形态（见图3-2-13）。

▲ 图 3-2-13　品牌服装正挂陈列

1. 正挂的特点

（1）强调商品的搭配，将上装和下装搭配展示，通过展示卖点和细节来吸引顾客。

（2）顾客拿取方便，商品也可以作为试穿的样衣。

（3）具有展示和存储的功能。在一些正挂上，会同时出现几件衣服。

（4）正挂具有叠装和人模陈列的优点，是目前卖场陈列的最主要方式之一。

2. 正挂陈列的 6 个基本技巧

（1）正挂时，衣架挂钩统一朝左，顺应顾客拿取习惯。

（2）可进行单件正挂，也可进行上下装搭配正挂。但要注意，上下装搭配时，上下套接的位置要设计好，是外露还是内塞要根据品牌风格和产品风格定位确定，做到动静结合。

（3）需要重点关注的细节是服装吊牌不能外露。

（4）正挂时，要考虑与相邻货架陈列风格的统一，注意服装款式长短的节奏感。

（5）如在上下两层的货架上进行正挂，那么应上层正挂上装，下层挂下装。

（6）在可进行多件（套）正挂出样的时候，应当将服装控制在 3 ~ 6 件（套），同款同色尺码应由外向内，从大到小排列。

（三）侧挂陈列

侧挂就是将服装向一侧挂在货架或横架上的一种陈列形态（见图 3-2-14）。

▲ 图 3-2-14　侧挂陈列

1. 侧挂的特点

（1）侧挂可以进行组合搭配，方便顾客拿取对比，另外也方便导购进行整理。

（2）所占陈列空间比较小，可以有效提高卖场存储空间利用率。

（3）侧挂的服装保形性好，适合对要求平整性高的品牌服装。如西装、大衣、商务衬衫等。

　　但是侧挂也有缺点，例如它不能直接将服装的细节和特征展示出来。因为在一般的情况下，顾客只能看到服装的一个侧面，只有当顾客将服装拿起来才能看到正面和更多的细节，所以，在进行侧挂出样时，应在侧挂的相邻货架上做同款同色或不同色的叠装陈列，或者人模特陈列。如果卖场中没有叠装辅助，那么导购员应当做好引导。

2. 侧挂陈列的基本技巧

（1）侧挂的衣架、裤架挂钩一律朝里，并且要求衣架、裤架的服装款式应保持风格一致。

（2）侧挂时，衣架、裤架做到相间排列，切勿单一排列，以免造成陈列呆板，缺乏生动感。

（3）在侧挂之前，服装要保持平整，侧挂后，服装纽扣扣整齐，拉链上好，腰带等配件要齐备，服装中的吊牌不得外露。

（4）在侧挂时，对套头的针织服装，衣架要从下往上放入，切勿直接在领口拉大领口宽度放入衣架。

侧挂陈列基本技巧实操展示（一）

（5）侧挂时，服装的正面一律朝左，由左往右依次排列，这样陈列的目的是迎合顾客的习惯。

（6）在侧挂裤装时，采用 M 式和开放式法。

（7）侧挂陈列时，挂钩之间的距离在 3 ～ 5cm，货架上的服装数量推至一边时，货架预留 1/3 的空量最为适宜，不宜将货架侧挂得过满。

（8）侧挂时，要考虑与叠装、正挂、人模陈列相组合，因为侧挂能起到试衣的作用。

（四）人模陈列

人模陈列就是把服装穿着在模特人台上的一种陈列形态（见图 3-2-15）。

▲ 图 3-2-15　品牌服装人模陈列

人模的造型比较多，从风格上分为写实与写虚两种。前者人模与正常人体相似，后者人模比较抽象。人模从形体完整性上可以分为半身和全身人模，以及专门用于展示手套、袜子等服饰品的手模、腿模等（见图 3-2-16）。

（a）

（b）

（c）

▲ 图 3-2-16　品牌服装人模陈列

1. 人模陈列的特点

人模陈列最大的优点是能将服装完整地展示出来，尤其是能将服装的局部细节表现得淋漓尽致。在卖场中，人模陈列最常用的位置是橱窗，此外，在流水台、货架、货柜等旁边也会用到。人模出样的服装一般销售额比其他款式要高一些，因此许多卖场往往将本季重点推荐的款式用于人模出样。

但人模陈列也有缺点，最主要的是人模占用卖场空间面积大，其次是人模出样的服装穿脱性较差。如果有顾客看中人模出样的款式，叠装、侧挂、正挂陈列都没有，那么需要导购将其从人模上脱下，这样做不方便且体验感差。

人模出样时需要注意一点，即要恰当地控制人模在卖场中的空间比例。在卖场空间陈列中，人模就犹如舞台上的主角，要合理地控制主角的数量及角色地位，数量不能过多，也不能角色地位不清晰。在实际出样中，如果遇到品牌当季服装主推款较多，那么应当采用人模轮流重复出样（见图3-2-17）。

▲ 图3-2-17 品牌服装主推款人模轮流重复陈列

2. 人模陈列的 4 个基本技巧

（1）人模出样时，同组模特的风格保持一致，尤其是模特的色彩应当呼应。

（2）人模出样时，除特殊款式外，要求上下身不得裸露。

（3）配有四肢的人模，四肢要装配齐全。

（4）人模出样时不得在其身上粘贴标识性明显的物品。如标签、打折价格贴等非装饰性物品。

（五）装饰品陈列

装饰品陈列是指将装饰品集中在饰品柜中的一种陈列形态（见图3-2-18）。

（a）

（b）

▲ 图3-2-18 品牌装饰品陈列

1. 装饰品陈列的特点

装饰品在卖场中，虽然价位低，体积小，但如果进行合理陈列，所表现出来的效果会非常丰富，可以起到连带销售的作用。

装饰品最大的特点是体积小，款式和花色多。因此，在陈列时就要特别强调它的整体性和序列感，在出样陈列时，要搭配服装人模陈列、侧挂陈列。也可以单独陈列。

2. 装饰品陈列的 4 个基本技巧

（1）装饰品陈列在卖场中的区域位置宜选择在收银台或者试衣间旁边，方便顾客穿搭并提高连带销售。

（2）装饰品陈列时，尽量与人模出样组合陈列，丰富空间感，提高整体性。

（3）在进行包饰陈列时，应在包内放入填充物，以此强化立体装饰感，但要注意，装饰品上的吊牌不宜外露。

（4）对于其他装饰品，在陈列时要注意款式整理和色彩排列。

话题讨论

1. 什么是正挂、侧挂、叠装？它们各自的优缺点是什么？在陈列时分别注意哪些事项？

2. 讨论人模陈列的特点，并说明它在卖场陈列中的作用。

3. 讨论橱窗陈列中最重要的陈列形态是什么，为什么。

第三节　服装陈列展示技巧

服装陈列技巧的运用直接影响了服装陈列的整体效果。为了达到促进销售的目的，在进行服装陈列时应注意以下几点。

一、划分区域

陈列之前，要对整个卖场的陈列区域进行划分，根据卖场的规划布局，设置专门的主陈列区、次陈列区，突显陈列主题，达到主次分明，色彩和陈列整体风格一致。

二、迎合视线

一般情况下，顾客进店后无意识展望货架（柜）的高度在 0.8 ~ 1.8 m，故而服装陈列的高度应安排在这个高度范围之内，并可向上延展一些，但要防止过高或者过低。通常将主推款正挂于货架（柜）的上半部分，因为这一部分正好是顾客的黄金视野区，如图 3-3-1 所示。

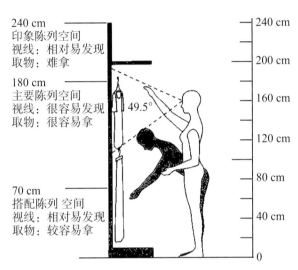

240 cm
印象陈列空间
视线：相对易发现
取物：难拿

180 cm
主要陈列空间
视线：很容易发现
取物：很容易拿

49.5°

70 cm
搭配陈列空间
视线：相对易发现
取物：较容易拿

▲ 图 3-3-1　视线与陈列的组合关系

三、合理搭配

不同款式、色彩、造型的服装，其搭配组合应给顾客以美好、新颖、浪漫、和谐统一的感觉。服装卖场陈列要突出鲜明的卖场主题特征，总体和谐，各具特色。切忌繁杂、色彩单一、缺乏生气，特别是系列化主题陈列。

四、道具选择

道具是服装陈列必备用具，是加强陈列效果的必要手段；不同特点的服装，只有选择适当的道具，才能呈现应有的陈列效果。例如套装、连衣裙等，应该选用全模陈列展示，上装、裤子、衬衫等应选用半模陈列展示。各种定型衣架，适合陈列上装；简易"T"字架，适合裤子陈列。

五、层次处理

　　柜子、货架上的陈列，应在划分种类的基础上，按照大小顺序依次进行陈列，既显整齐，又利于顾客拿取、挑选，同时也方便导购员操作。

　　除此之外，根据服装面料厚薄及款式长短的不同，陈列方式一般为由前向后，由薄到厚，由长到短。也可灵活运用，营造不同的视觉效果，从多角度展示货品。

实训项目

序号	实训内容	实训时间	实训评定（五星制）
1	模拟货架陈列	3 课时	
实训要求：应用本章所学知识，利用服装陈列形态原理和展示技巧，模拟练习货架陈列。可用虚拟仿真软件、贴纸等，提交电子版图片文件，注意在练习过程中注重团队协作。可先在下方进行草图构想			

草图构想

第四节　校企合作案例

一、案例主题

以 2021 年女装单品陈列为例，运用正挂、侧挂、叠装以及人模陈列的形态方式在女装单品中陈列展示。要求单品陈列展示与品牌服装整体风格一致，有较强的审美性，能反应新时代女性的审美需求和购买习惯。

二、案例欣赏

首先，我们要了解女装陈列的基本特征，卖场陈列的本质就是商品。在大多数服装卖场中，墙面陈列（货架、货柜陈列）显得非常重要，不仅要在陈列形态上科学合理地规划好，以达到均衡的效果，而且在色彩陈列上也要展示陈列的节奏感，通过人模与商品的组合搭配、商品与商品之间的组合搭配，实现卖场陈列规划的合理性。

因此，在陈列展示时，我们首先要注意以下两点。

（1）陈列形态组合要体现商品的节奏感与统一感。

（2）陈列展示中要重点体现人模的组合效果。

以下校企合作案例中的墙面陈列，将正挂与侧挂的陈列形态组合应用，通过服装款式的长短、材质来实现陈列面的节奏感和统一性；同时，通过人模和服装商品进行组合，从色彩搭配的角度进行穿插陈列，达到了良好的展示效果。

（一）春夏女装单品陈列形态

▲ 图 3-4-1　春夏女装单品陈列形态一

Tops Trend 下装趋势 》　关键陈列 》

KEY COLLOCATION

终端展示

G F E D C B A

香料色+黑白

橙色与黄色在最近几季席卷全球。2019/20秋冬T台上，这个色系显得更加深沉、浓郁和辛辣，并将持续影响至2020/21秋冬。

服饰单品演绎

A+E+G　　A+D+G　　A+C+F

A+C

A+D

A+B　　　A+B+G

▲ 图 3-4-2　春夏女装单品陈列形态二

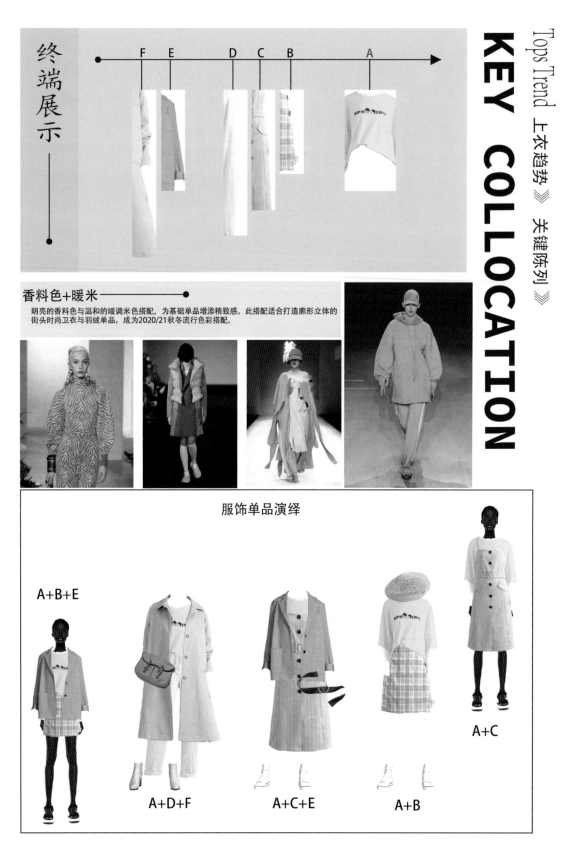

终端展示——

Tops Trend 上衣趋势》 关键陈列》

KEY COLLOCATION

香料色+暖米——

明亮的香料色与温和的暖调米色搭配，为基础单品增添精致感。此搭配适合打造廓形立体的街头时尚卫衣与羽绒单品，成为2020/21秋冬流行色彩搭配。

服饰单品演绎

A+B+E

A+D+F

A+C+E

A+B

A+C

▲ 图 3-4-3　春夏女装单品陈列形态三

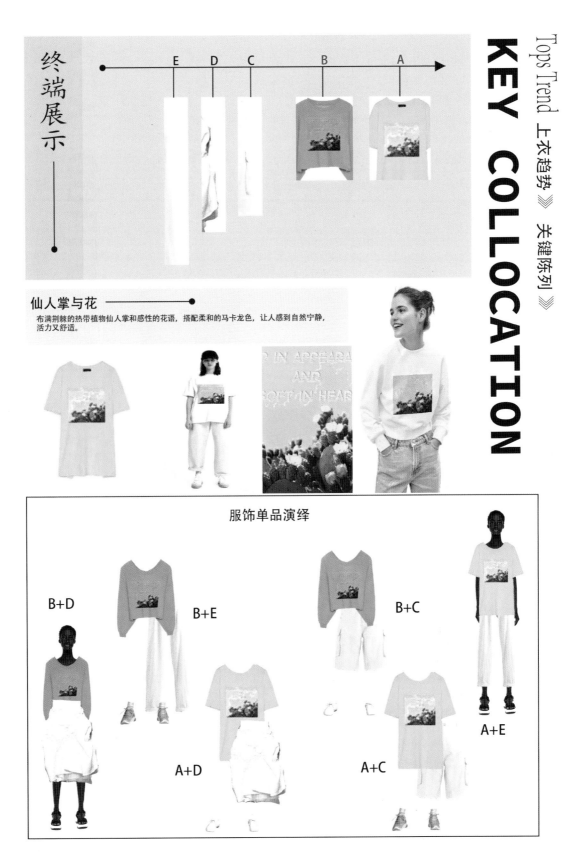

终端展示——

Tops Trend 上衣趋势》关键陈列》

KEY COLLOCATION

E　D　C　　B　　A

仙人掌与花

布满荆棘的热带植物仙人掌和感性的花语，搭配柔和的马卡龙色，让人感到自然宁静，活力又舒适。

P IN APPEARA
AND
OFT IN HEAR

服饰单品演绎

B+D

B+E

B+C

A+D

A+C

A+E

▲ 图 3-4-4　春夏女装单品陈列形态四

终端展示

Tops Trend 上衣趋势 》关键陈列 》

KEY COLLOCATION

F E D C B A

粉+紫+棕

作为本季的流行亮色之一，深紫色尽显80年代的迷人魅力。从柔粉色跨越到金棕色，浪漫的紫红色调爆发出浓郁的女性气质，打造更具奢华质感的基础单品。此色彩搭配成为2020/21秋冬流行趋势。

服饰单品演绎

A+F

A+E+F   A+C+D   A+D+B   A+C+E

▲ 图 3-4-5　春夏女装单品陈列形态五

终端展示

Tops Trend 上衣趋势 》 关键陈列 》

KEY COLLOCATION

军绿+金棕

西部风格的款式与细节仍旧受到青睐。这为带有传统游牧风格的军绿色与金棕色组合注入活力。该配色成为2019/20秋冬女装流行配色。

服饰单品演绎

A+E

A+B+D

A+B+C

A+D

A+C

▲ 图 3-4-6　春夏女装单品陈列形态六

终端展示

Tops Trend 上衣趋势 》 关键陈列 》

KEY COLLOCATION

绿+蓝+黑

颓废气质的绿色展现华丽质感，更新千禧复古风格。该配色可驾驭中性装扮、优雅复古到浪漫复古风，成为2029/20秋冬流行配色。

服饰单品演绎

A+C+G

A+C+D

A+E

A+B+G

A+D

A+B+D

A+C+F

▲ 图 3-4-7　春夏女装单品陈列形态七

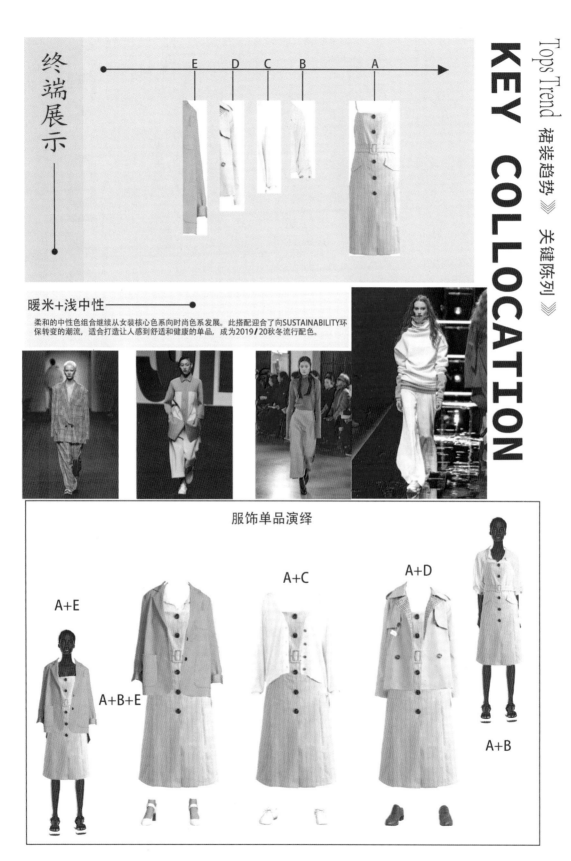

KEY COLLOCATION

Tops Trend 裙装趋势》 关键陈列》

终端展示——

暖米+浅中性——

柔和的中性色组合继续从女装核心色系向时尚色系发展。此搭配迎合了向SUSTAINABILITY环保转变的潮流，适合打造让人感到舒适和健康的单品，成为2019/20秋冬流行配色。

服饰单品演绎

A+E

A+B+E

A+C

A+D

A+B

▲ 图 3-4-8　春夏女装单品陈列形态八

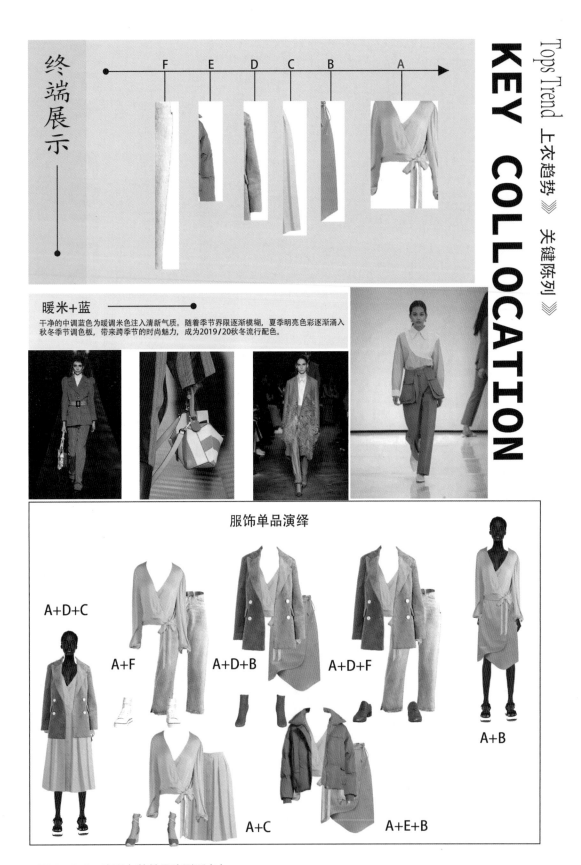

終端展示 —

KEY COLLOCATION Tops Trend 上衣趋势》关键陈列》

F E D C B A

暖米+蓝 ———

干净的中调蓝色为暖调米色注入清新气质。随着季节界限逐渐模糊，夏季明亮色彩逐渐涌入秋冬季节调色板，带来跨季节的时尚魅力，成为2019/20秋冬流行配色。

服饰单品演绎

A+D+C

A+F

A+D+B

A+D+F

A+B

A+C

A+E+B

▲ 图 3-4-9　春夏女装单品陈列形态九

KEY COLLOCATION

Tops Trend 上衣趋势 》 关键陈列 》

终端展示 ——

G F E D C B A

金棕+藏蓝 ——

借鉴传统男装配色，呈现浓郁的复古基调。该配色成为2019/20秋冬流行配色。

服饰单品演绎

A+F

A+E

A+G

A+C+F

A+C+E

A+C+G

A+B+D

▲ 图 3-4-10　春夏女装单品陈列形态十

终端展示

KEY COLLOCATION

Tops Trend 上衣趋势 》 关键陈列 》

黑+红+白

在2019/20秋冬秀场上，黑色作为个性时尚色彩回归，黑色皮革是最具时尚感的选择，搭配同样是时尚色的亮红色与骨白色，可以打造前卫感的上衣、裙装，以及街头外套单品。该搭配成为2019/20秋冬女装流行配色。

服饰单品演绎

A+C+F

A+I

A+D+G

A+B+G

A+C+H

A+D+E

A+B+E

▲ 图 3-4-12　春夏女装单品陈列形态十二

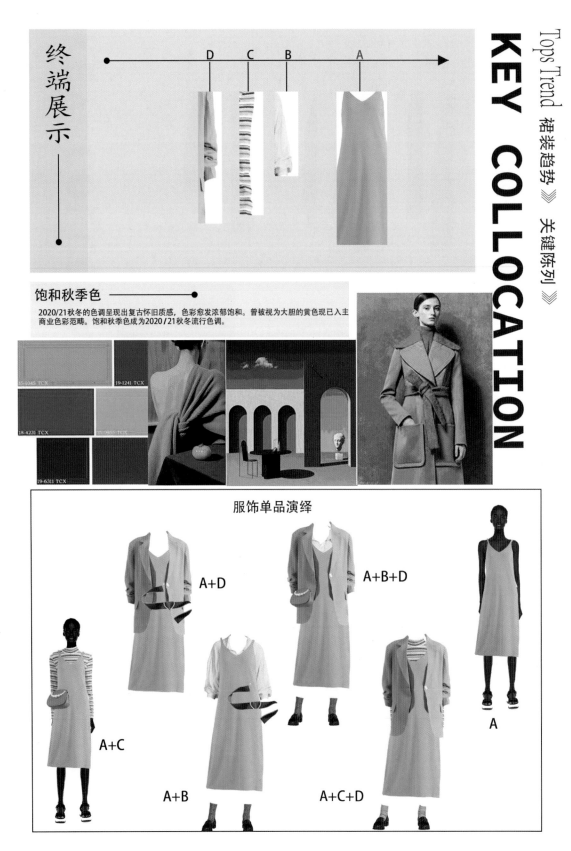

终端展示

Tops Trend 裙装趋势 》 关键陈列 》

KEY COLLOCATION

饱和秋季色

2020/21秋冬的色调呈现出复古怀旧质感，色彩愈发浓郁饱和。曾被视为大胆的黄色现已入主商业色彩范畴。饱和秋季色成为2020/21秋冬流行色调。

服饰单品演绎

A+D

A+B+D

A

A+C

A+B

A+C+D

▲ 图 3-4-13　春夏女装单品陈列形态十三

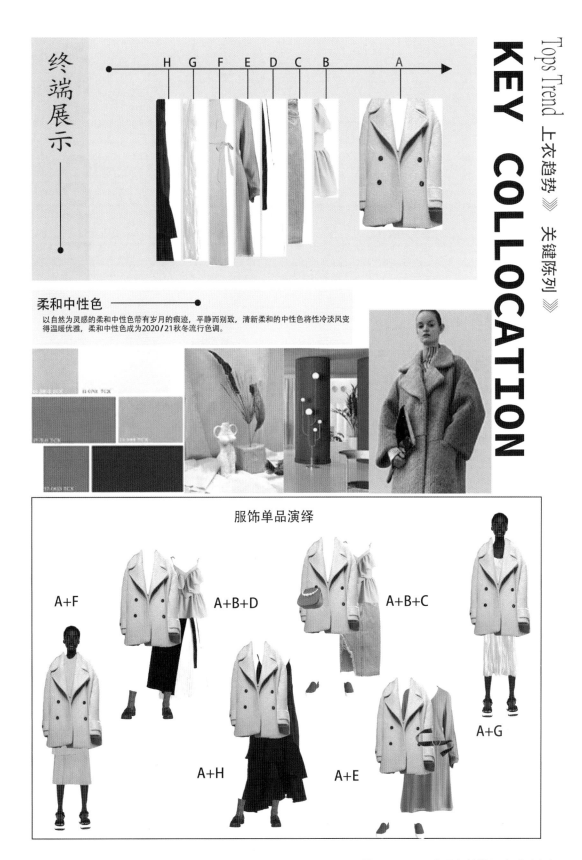

Tops Trend 上衣趋势 关键陈列

KEY COLLOCATION

终端展示

H G F E D C B A

柔和中性色

以自然为灵感的柔和中性色带有岁月的痕迹，平静而别致，清新柔和的中性色将性冷淡风变得温暖优雅，柔和中性色成为2020/21秋冬流行色调。

服饰单品演绎

A+F

A+B+D

A+B+C

A+H

A+E

A+G

▲ 图 3-4-14　春夏女装单品陈列形态十四

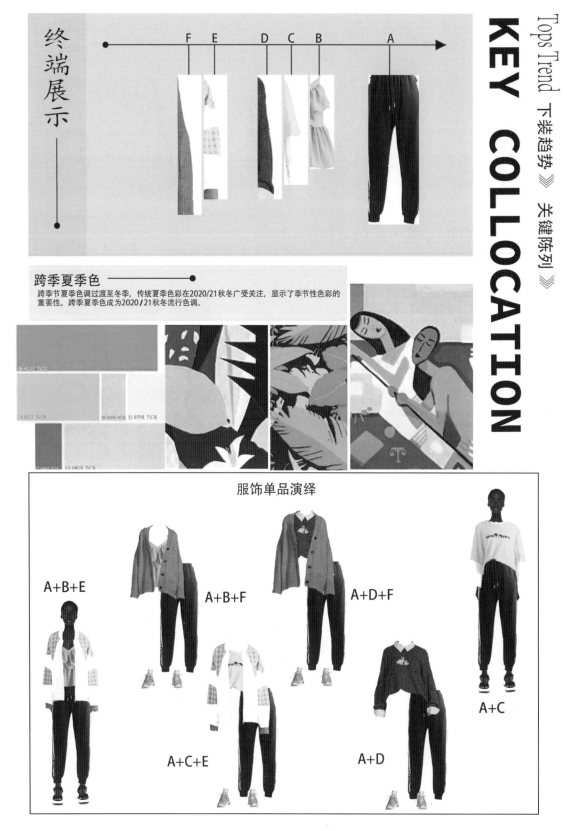

终端展示

F E D C B A

Tops Trend 下装趋势 关键陈列

KEY COLLOCATION

跨季夏季色
跨季节夏季色调过渡至冬季，传统夏季色彩在2020/21秋冬广受关注，显示了季节性色彩的重要性。跨季夏季色成为2020/21秋冬流行色调。

服饰单品演绎

A+B+E

A+B+F

A+D+F

A+C

A+C+E

A+D

▲ 图 3-4-15　春夏女装单品陈列形态十五

终端展示

Tops Trend 裙装趋势 》 关键陈列 》

KEY COLLOCATION

G F E D C B A

暖调红棕色

成熟的红棕色是2020/21秋冬的流行色彩，红色与棕色在近几季获得广泛的商业吸引力，并愈发呈现奢华质感。该趋势仍将持续，暖调红棕色成为2020/21秋冬流行色调。

服饰单品演绎

A   A+C   A+B   A+D

A+E   A+G   A+F

▲ 图3-4-16 春夏女装单品陈列形态十六

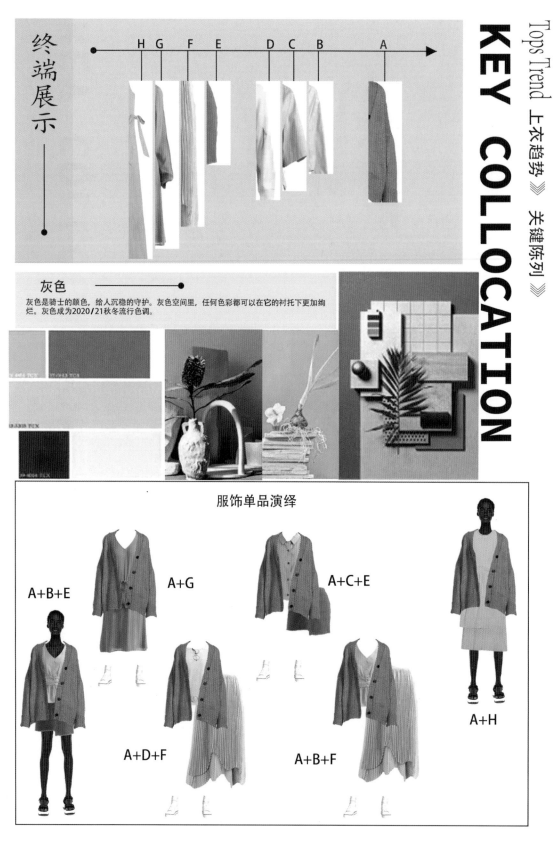

▲ 图 3-4-17　春夏女装单品陈列形态十七

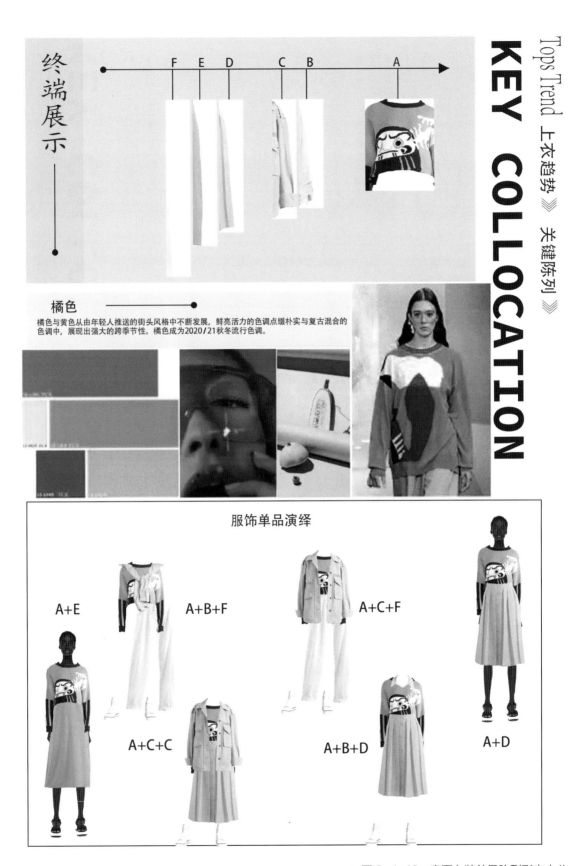

Tops Trend 上衣趋势》 关键陈列》

KEY COLLOCATION

终端展示——

F　E　D　　C　B　　　A

橘色 ————

橘色与黄色从由年轻人推送的街头风格中不断发展，鲜亮活力的色调点缀朴实与复古混合的色调中，展现出强大的跨季节性。橘色成为2020/21秋冬流行色调。

服饰单品演绎

A+E

A+B+F

A+C+F

A+C+C

A+B+D

A+D

▲ 图3-4-18　春夏女装单品陈列形态十八

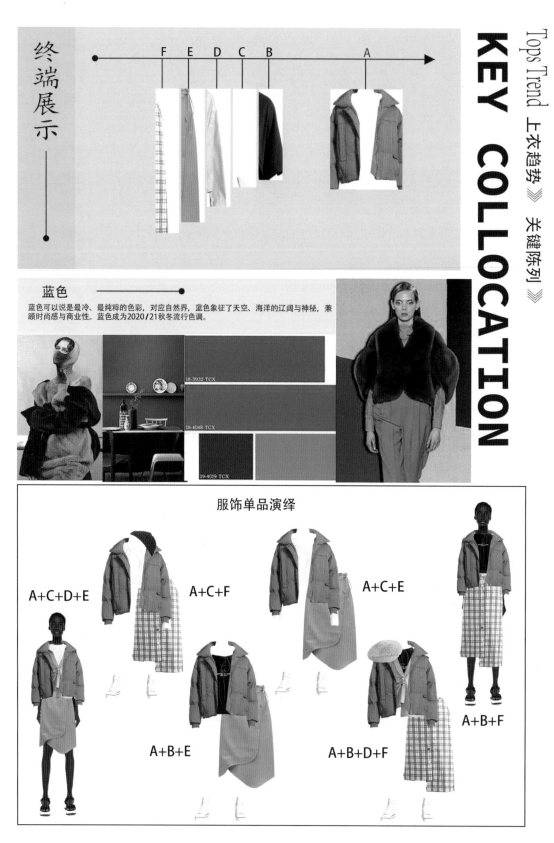

▲ 图 3-4-19　春夏女装单品陈列形态十九

（二）锦丽源女装单品陈列形态

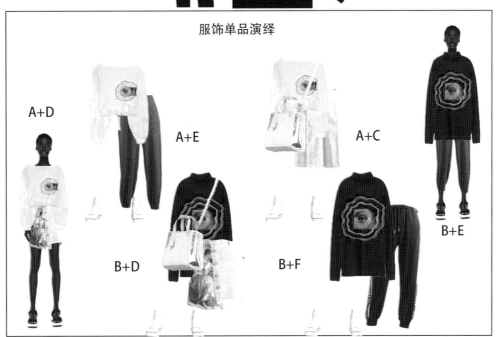

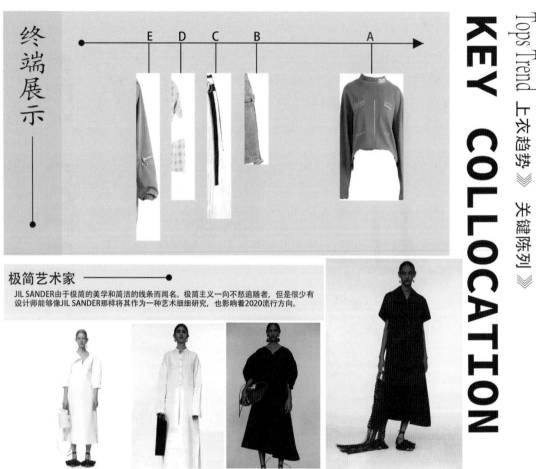

终端展示

Tops Trend 上衣趋势 》 关键陈列 》

KEY COLLOCATION

极简艺术家

JIL SANDER由于极简的美学和简洁的线条而闻名。极简主义一向不愁追随者，但是很少有设计师能够像JIL SANDER那样将其作为一种艺术细细研究，也影响着2020流行方向。

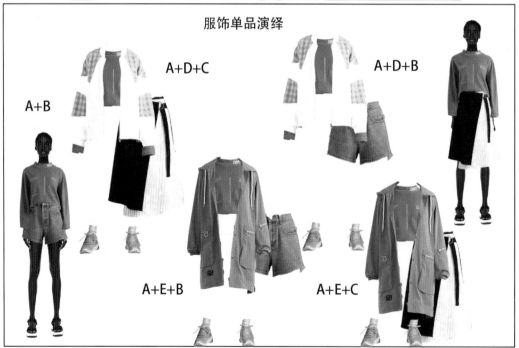

服饰单品演绎

A+D+C

A+D+B

A+B

A+E+B

A+E+C

▲ 图 3-4-21 女装单品陈列形态二

▲ 图 3-4-22 女装单品陈列形态三

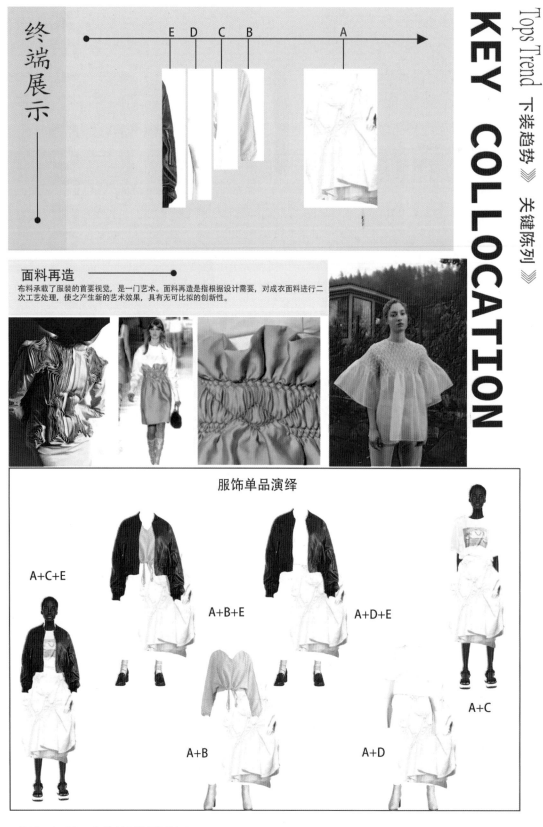

終端展示

Tops Trend 下装趋势 》 关键陈列 》

KEY COLLOCATION

E D C B A

面料再造

布料承载了服装的首要视觉，是一门艺术。面料再造是指根据设计需要，对成衣面料进行二次工艺处理，使之产生新的艺术效果，具有无可比拟的创新性。

服饰单品演绎

A+C+E

A+B+E

A+D+E

A+C

A+B

A+D

▲ 图 3-4-23　女装单品陈列形态四

▲ 图 3-4-24　女装单品陈列形态五

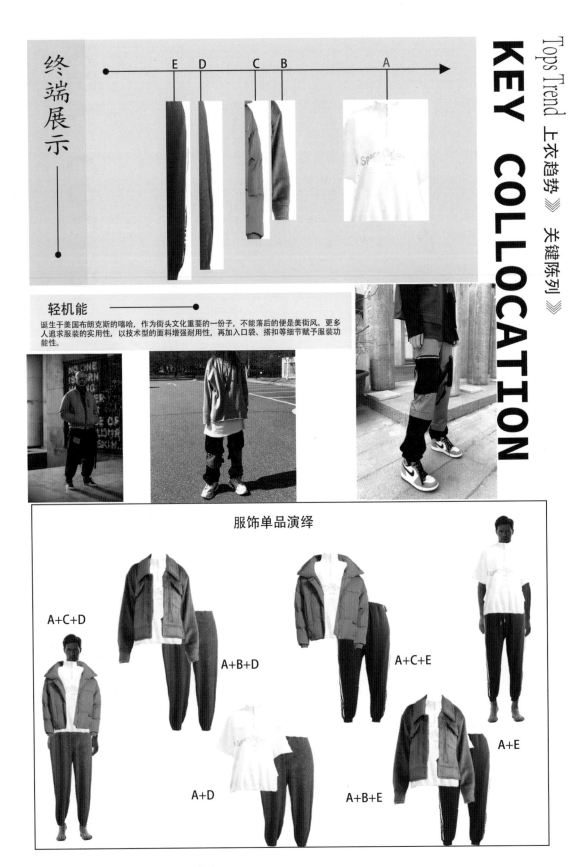

▲ 图 3-4-25 女装单品陈列形态六

▲ 图 3-4-26　女装单品陈列形态七

终端展示

Tops Trend 上衣趋势 》 关键陈列 》
KEY COLLOCATION

F E D C B A

复古少女

法国女性总喜欢浪漫的碎褶泡泡袖、有规律的褶裥、烧花棉质蕾丝面料以及淡雅小碎花，
体现浪漫主义情怀的同时也不忘服装的舒适性。

服饰单品演绎

A+B+E A+B+C A+D

A+E A+F A+C

▲ 图 3-4-27　女装单品陈列形态八

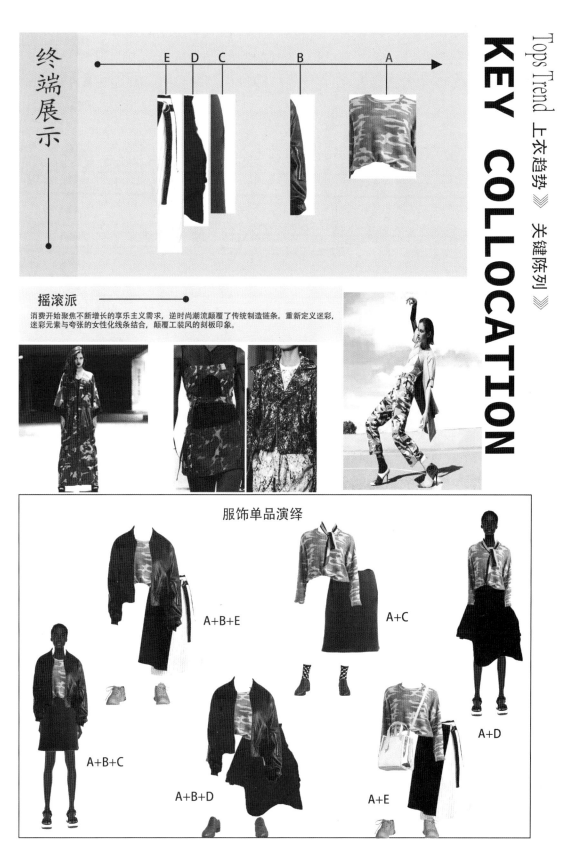

▲ 图 3-4-28　女装单品陈列形态九

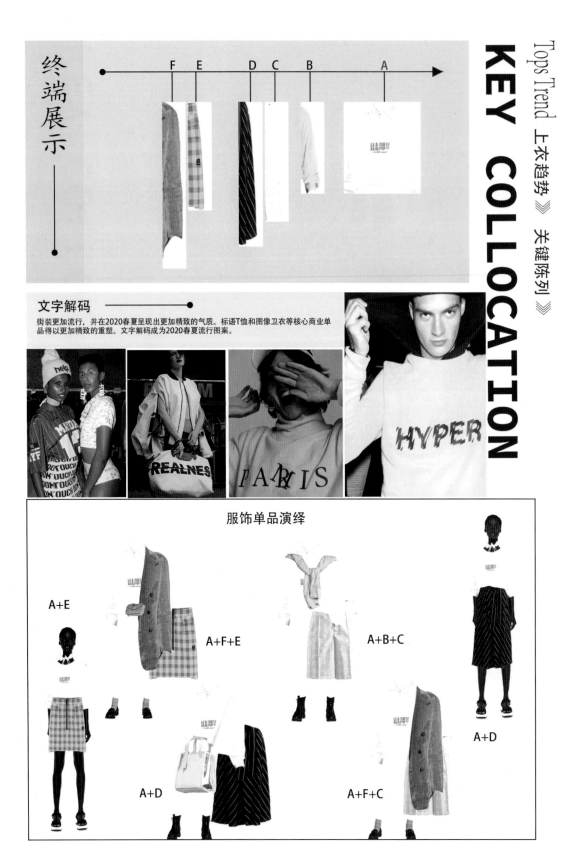

▲ 图 3-4-29　女装单品陈列形态十

Tops Trend 裙装趋势》 关键陈列》
KEY COLLOCATION

终端展示——

F E D C B A

印象花朵

强调女性化造型，通过小尺寸花朵和散落的连枝花来演绎。在2020春夏系列的T台上，涌现了大量精美碎花和田园花枝。印象花朵成为2020春夏流行印花。

服饰单品演绎

A+C

A+F

A+C+E

A

A+D

A+B+F

▲ 图 3-4-30　女装单品陈列形态十一

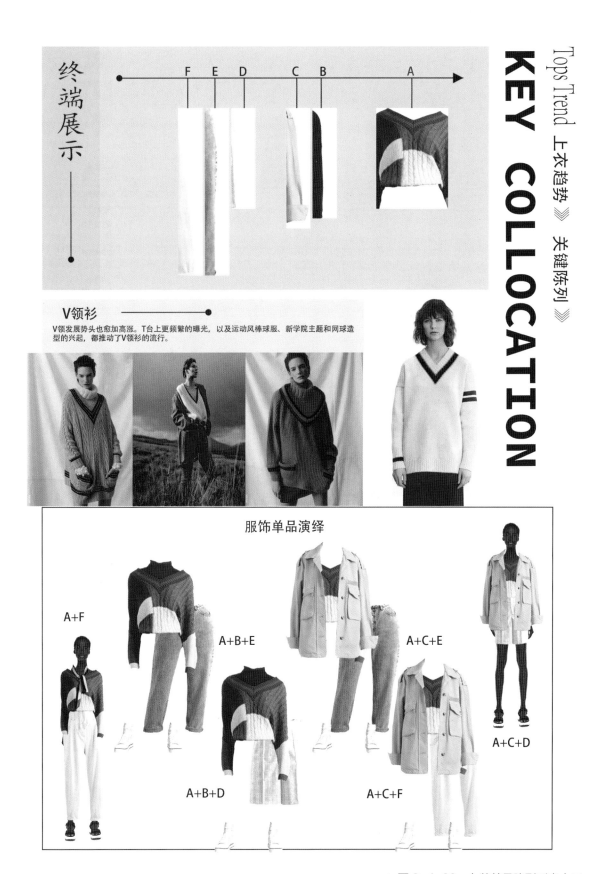

KEY COLLOCATION

Tops Trend 上衣趋势 》 关键陈列 》

终端展示 ——

F E D C B A

V领衫

V领发展势头也愈加高涨。T台上更频繁的曝光，以及运动风棒球服、新学院主题和网球造型的兴起，都推动了V领衫的流行。

服饰单品演绎

A+F

A+B+E

A+B+D

A+C+F

A+C+E

A+C+D

▲ 图 3-4-32 女装单品陈列形态十三

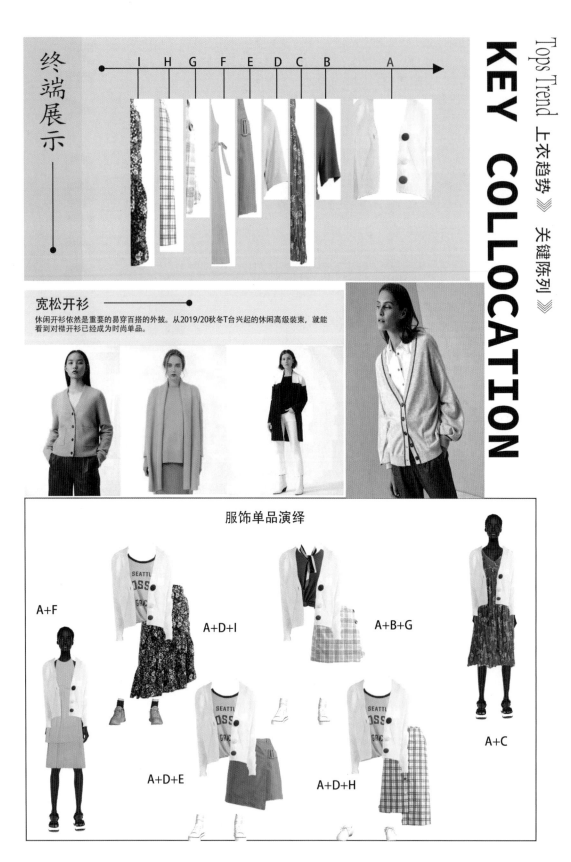

KEY COLLOCATION

Tops Trend 上衣趋势 》 关键陈列 》

终端展示

I H G F E D C B A

宽松开衫

休闲开衫依然是重要的易穿百搭的外披。从2019/20秋冬T台兴起的休闲高级装束，就能看到对襟开衫已经成为时尚单品。

服饰单品演绎

A+F

A+D+I

A+B+G

A+D+E

A+D+H

A+C

▲ 图 3-4-33　女装单品陈列形态十四

终端展示

Tops Trend 上衣趋势》 关键陈列》

KEY COLLOCATION

女士针织

风靡时尚圈的极简主义仍以现代简洁风格为主，强调舒适感。图案细节和醒目色彩仍旧是打造青春动感造型的重要途径。女式针织衫成为2020/21秋冬核心单品。

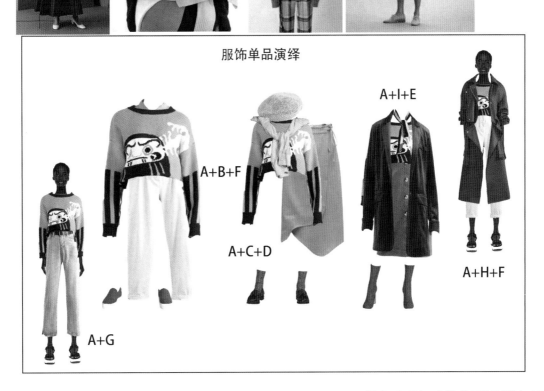

服饰单品演绎

A+I+E

A+B+F

A+C+D

A+H+F

A+G

▲ 图 3-4-34　女装单品陈列形态十五

终端展示——

KEY COLLOCATION

Tops Trend 上衣趋势 》 关键陈列 》

H G F E D C B A

衬衫质外套 ——

随性的日常装向兼顾舒适与设计感的方向转变。结合仍在流行的格纹和条纹，尝试抽绳、腰带等可调节设计，拓宽单品的商业价值。

服饰单品演绎

A+G

A+F

A+C+E

A+C+D

A+B+D

A+H

▲ 图3-4-35　女装单品陈列形态十六

双排扣便西

宽松便西尽显自信与休闲酷感，成为经典洋裁单品的热门趋势。强调关键设计细节以打造新意，例如宽松肩部和扁平口袋，或者撞色面料的结构线条。

服饰单品演绎

A+C+F

A+D+F

A+B+G

A+B+C+E

A+D+E

A+G

▲ 图 3-4-36　女装单品陈列形态十七

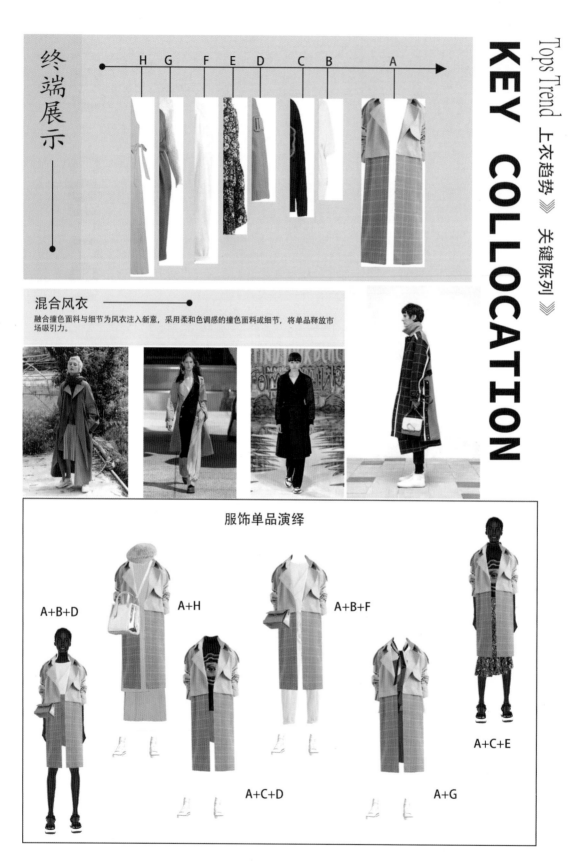

终端展示

Tops Trend 下装趋势》 关键陈列》

KEY COLLOCATION

阔腿裤

时尚潮流一直都是特立独行的。发展至今，"无性别"愈发明显，也越来越受大众所接受。随着潮流趋势的发展，阔腿裤现在已经成为男士必备单品。

服饰单品演绎

A+B

A+C+E

A+D

A+B+E

A+D+E

A+C

▲ 图 3-4-38 女装单品陈列形态十九

终端展示

Tops Trend 上衣趋势 》 关键陈列 》

KEY COLLOCATION

中长大衣

冬季外套在醒目色彩与面料的作用下，褪去了沉闷厚重的气息，成为兼具趣味性与实用性的单品。

服饰单品演绎

A+H

A+C+F

A+C+D+E

A+G

A+B+F

A+B+E

▲ 图 3-4-39　女装单品陈列形态二十

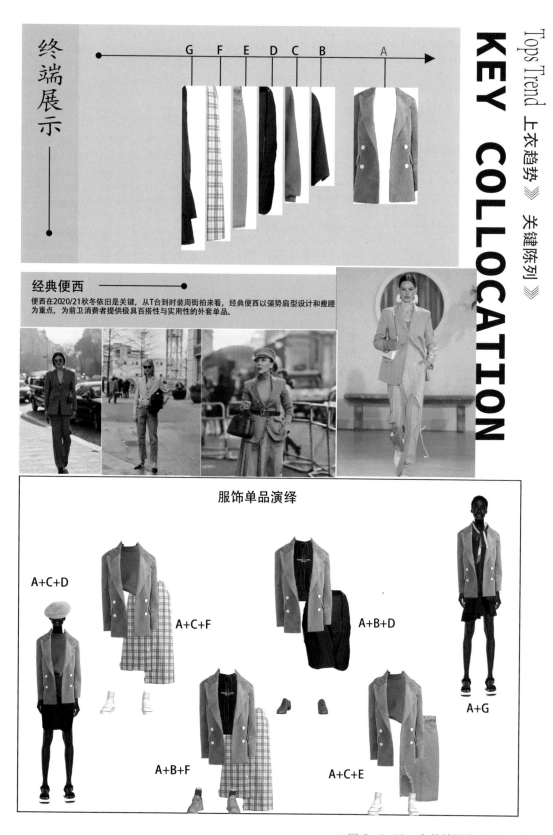

终端展示

KEY COLLOCATION

Tops Trend 上衣趋势》 关键陈列》

经典便西

便西在2020/21秋冬依旧是关键，从T台到时装周街拍来看，经典便西以强势肩型设计和瘦腰为重点，为前卫消费者提供极具百搭性与实用性的外套单品。

服饰单品演绎

A+C+D

A+C+F

A+B+D

A+B+F

A+C+E

A+G

▲ 图3-4-40　女装单品陈列形态二十一

套头滑雪衫

鉴于市场中的街头服装日渐趋于饱和，设计师们推出了卫衣帽衫的全新替代款式——防风雨滑雪衫。印花、压花面料将受到前卫消费者的青睐。

服饰单品演绎

▲ 图 3-4-41　女装单品陈列形态二十二

KEY COLLOCATION

Tops Trend 裙装趋势》　关键陈列》

终端展示

E　D　C　B　A

微垂连衣裙

贴身连衣裙尽显女人味，迎合创新趋势，同时保留商业化元素，用巧妙垂感、修身概念剪裁、褶饰、不对称等设计修饰女性身材。

服饰单品演绎

A+E　　A+D　　A+B+E　　A+C+E

A

▲ 图 3-4-42　女装单品陈列形态二十三

终端展示

F E D C B A

Tops Trend 裙装趋势 》 关键陈列 》

KEY COLLOCATION

吊带连衣裙

吊带连衣裙的简约百搭使之成为核心单品，绸缎剪裁而成的简约版型日夜皆宜，散发低调的女性魅力。

服饰单品演绎

A+C A+D A+B+E

A A+F

▲ 图3-4-43　女装单品陈列形态二十四

（三）陈列指导样卡——造型特征陈列

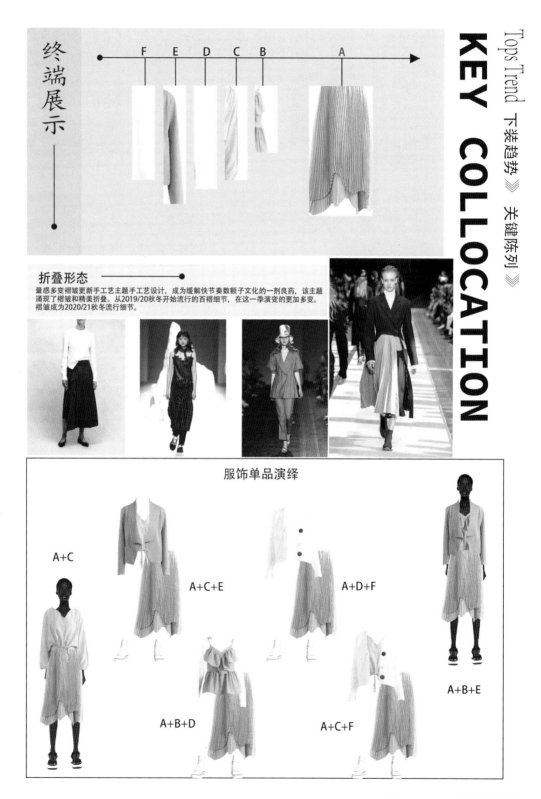

折叠形态

量感多变褶皱更新手工艺主题手工艺设计，成为缓解快节奏数额子文化的一剂良药，该主题涌现了褶皱和精美折叠。从2019/20秋冬开始流行的百褶细节，在这一季演变的更加多变。褶皱成为2020/21秋冬流行细节。

服饰单品演绎

A+C

A+C+E

A+D+F

A+B+D

A+C+F

A+B+E

▲ 图3-4-44　造型特征陈列一

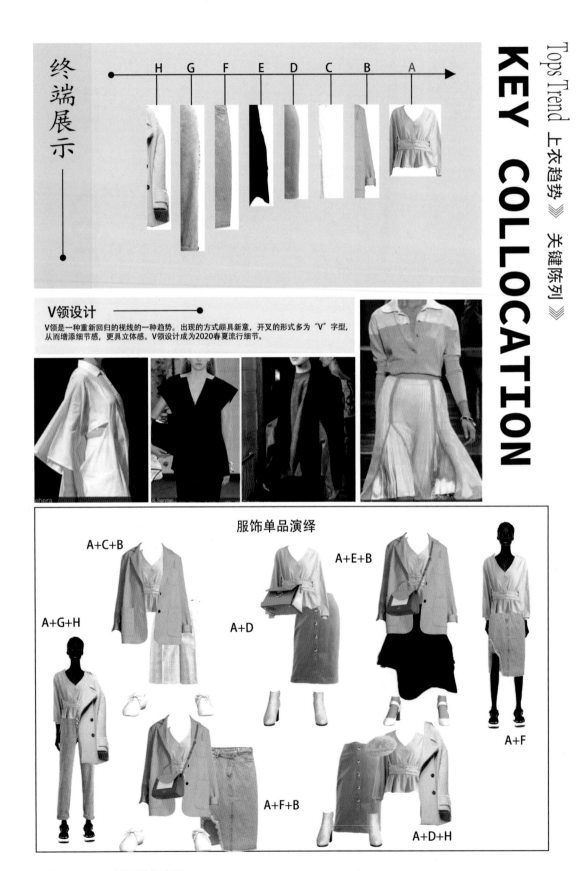

▲ 图 3-4-45　造型特征陈列二

终端展示——

Tops Trend 上衣趋势 》 关键陈列 》
KEY COLLOCATION

H G F E D C B A

本布绑带

腰部设计是2021春夏设计的关键之一，加强肩部与腰部对比，强化新女性气质的塑造。在起到基本的束腰功能之外还需要注意在裁片排版过程中充分利用边角部位减小面料损耗。

服饰单品演绎

A　　A+D+F　　　A+H　　　A+C+G

A+B+E

▲ 图3-4-46　造型特征陈列三

KEY COLLOCATION

Tops Trend 上衣趋势 关键陈列

终端展示

J I H G F E D C B A

个性抽褶

不对称的、不规则的抽褶设计塑造服装廓形，打造夸张、有立体感的造型。设计丰富的表面肌理感，增加服装的设计感。个性抽褶成为2020春夏工艺细节。

服饰单品演绎

A+H+E

A+D+B

A+G

A+J+B

A+C

A+I+C

A+D+F

▲ 图 3-4-47　造型特征陈列四

Tops Trend 上衣趋势 》 关键陈列 》

KEY COLLOCATION

终端展示 ——

J I H G F E D C B A

加量剪裁 ——

款式在局部延伸突出形成不对称的结构，层层叠叠给衣服增加层次感，提升整体的质感和美感。春夏高级成衣中屡次出现，成为2020春的流行细节。

服饰单品演绎

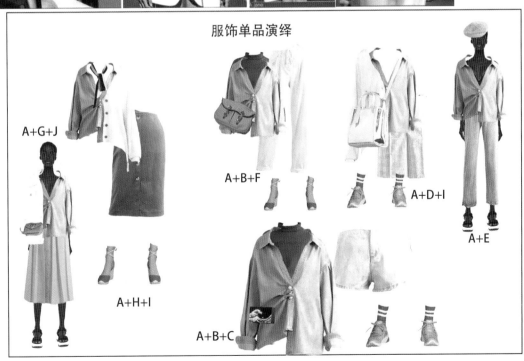

A+G+J

A+B+F

A+D+I

A+E

A+H+I

A+B+C

▲ 图3-4-48　造型特征陈列五

KEY COLLOCATION

Tops Trend 《上衣趋势》 《关键陈列》

终端展示——

G F E D C B A

圆弧形抽褶 ——

利用绳带做出圆的弧度，也可以是在镂空边缘加入纹理，让基础单品增加时尚感的同时，更加舒适美观。圆弧形抽褶成为2020春流行细节。

服饰单品演绎

A+C+G

A+E

A+B

A+D+G

A+D

A+C+F

A+D+F

▲ 图 3-4-49　造型特征陈列六

（四）陈列指导样卡——流行色陈列

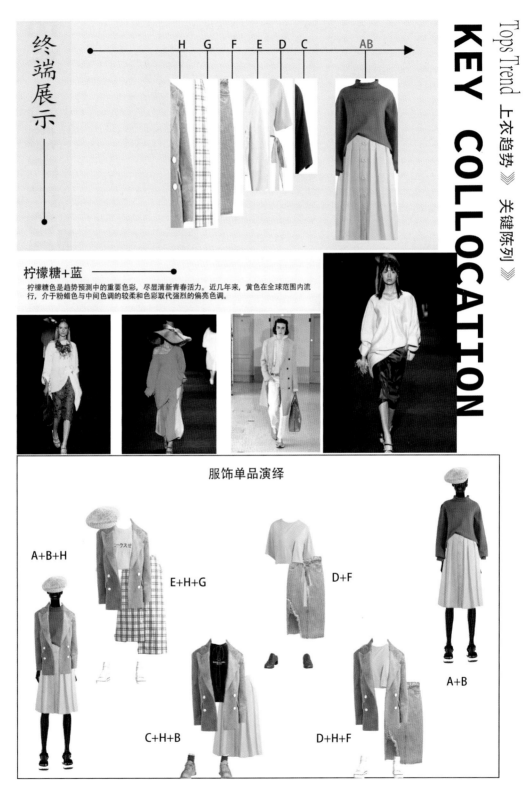

终端展示

Tops Trend 上衣趋势》 关键陈列》

KEY COLLOCATION

柠檬糖+蓝

柠檬糖色是趋势预测中的重要色彩，尽显清新青春活力。近几年来，黄色在全球范围内流行，介于粉蜡色与中间色调的较柔和色彩取代强烈的偏亮色调。

服饰单品演绎

A+B+H

E+H+G

D+F

C+H+B

D+H+F

A+B

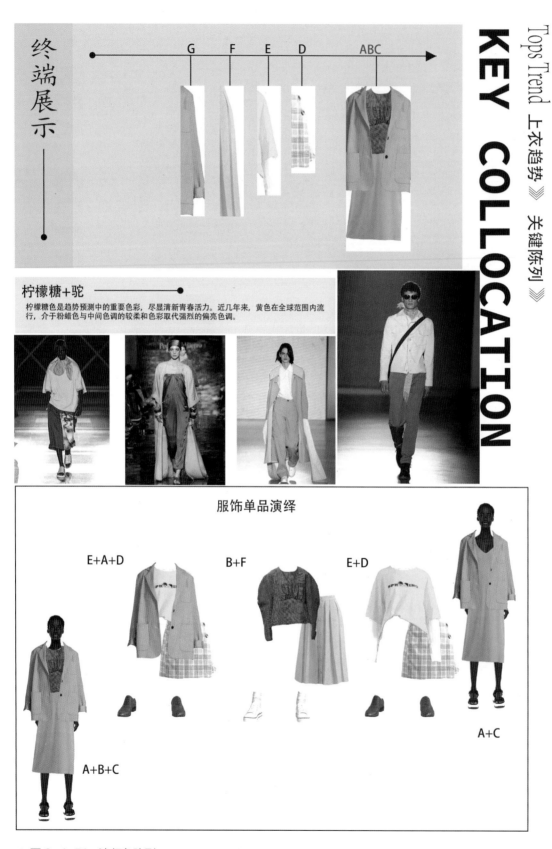

终端展示

Tops Trend 上衣趋势 >> 关键陈列 >>

KEY COLLOCATION

柠檬糖+驼

柠檬糖色是趋势预测中的重要色彩，尽显清新青春活力。近几年来，黄色在全球范围内流行，介于粉蜡色与中间色调的较柔和色彩取代强烈的偏亮色调。

服饰单品演绎

▲ 图 3-4-51 流行色陈列二

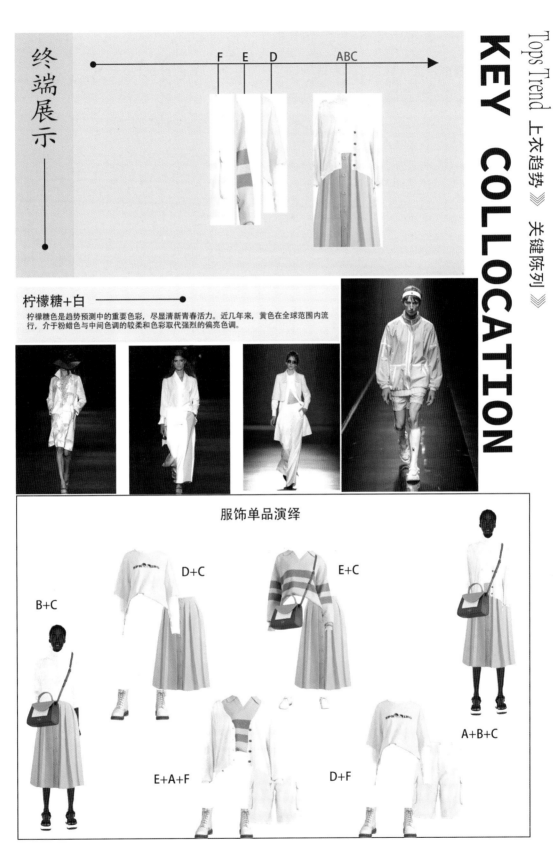

▲ 图 3-4-52　流行色陈列三

全场陈列模拟区域

　　训练目的：训练对卖场的空间规划、产品规划、造型规划、陈列形态、色彩规划的协调和把控能力。

服装卖场照明设计

| 重点与难点 |

　　服装卖场中不同照明灯具的种类与作用。

| 学习目标 |

知识目标：

1. 认识光线与色彩的基本原理。

2. 了解并掌握卖场照明的基本形式。

3. 掌握灯光在服装卖场中的使用技巧。

能力目标：

1. 具备分析确定灯具在服装卖场中安装位置的能力。

2. 能够根据不同主题的卖场陈列选择合适的灯具。

素质目标：

1. 培养关于灯具的安全意识与节能环保意识。

2. 尝试在卖场设计中运用灯光表达特定的人文主题。

第一节 卖场照明基础

色彩和光的关系如同一对孪生姐妹，是密不可分的，色彩的本质就是光。世间之所以有千变万化的色彩，就是因为不同的物体对于各种单色光反射与吸收的能力不同而产生的现象。

色彩因为有了光的照射才能显出美丽，没有光，色彩就失去了生命。另外，由于照射光源的变化，同一组色彩的服装，在不同光线下也会呈现出不同的色彩。

从人的本性来说，人都有追求光明的本性，光亮的卖场会吸引顾客进入，昏暗的卖场对顾客就没有吸引力。另外，不同的光会对人的视觉和心理产生不同的影响，影响顾客的购物情绪。

好的灯光布置可以让一个平淡的物体更加美丽、更加精彩，光和卖场中的其他元素一道，用一只无形的魔幻之手，或明或暗，或柔或硬，为卖场增加魅力。

一、照明的作用

（一）塑造产品形象

正确的照明角度和光源设置，可以增强产品的立体感，使产品更加生动。

（二）突出卖场重点

在卖场中通过不同亮度的照明设计，使光亮区域的重点产品成为卖场中"抢眼"的视觉中心，从而达到用光效来对卖场中的商品进行重要程度的区别。

（三）营造卖场氛围

通过照明可以"编织"光影效果，形成卖场的光影和节奏感，增加卖场视觉上的动态变化，使展示空间变得更加生动。

二、光学概念

光是能量的一种存在形式，宏观上它的传播路径是直线，故而称之为光线。光源则是指能够发出一定波长范围电磁波的物体，一般分为自然光源，人造光源以及两种混合的光源。自然光源如太阳光、月光等；人造光源有常见的一些灯具等。

人造光源由于材质与使用技术不同，能产生不同的光色效果（见图4-1-1），光色效果的品质是由"色温"来决定的。

（a）　　　　　　　　　　　　　　　（b）

▲ 图 4-1-1　不同光的卖场

（一）色温

一般色温低的光源偏暖色，色温渐渐升高，光源也渐渐由暖色变为冷色。如早晨的光线色温低，呈红色，橙色，而中午的光线色温高，呈白青色。色温低，光源偏暖色，会给人温馨、热情、向上的感觉。色温高，呈冷色，则给人以凉爽、轻快的感觉（见图 4-1-2）。

（a）　　　　　　　　　　　　　　　（b）

▲ 图 4-1-2　不同色温的卖场

酒吧、咖啡店一般用色温较低的光源来制造温馨的感觉。迪斯科舞厅则用色温较高的光源来调动人们的兴奋感。卖场也可运用这种色温变化规律和冷暖的象征功能，营造所需要的气氛。

（二）光亮度

光亮度指被照物体单位面积上的光线强度。在卖场同一位置上，并排放着一个黑色和一个白色的物体，虽然它们的照度一样，但是人眼看起来的白色物体会亮的多，这说明被照物表面的照度并不能直接表达人眼对它的视觉感觉，原因在于人眼的视觉感觉是由被照物体的发光或者反光在眼睛的视网膜上形成的照度而产生的。因此整个卖场要想更加明亮，应将主题颜色确定为浅色，避免大面积暗色调。

（三）光通量

光通量描述单位时间内光源辐射产生视觉响应强弱的能力。照射的效果是由人眼来决定，因此仅用参数来描述各类光源的光学特征是不够的，还必须引入基于人眼视觉的光量参数。服装卖场光通量越大，对人眼产生的视觉响应就会越强。

（四）照度

照度指投射到被照物体表面的光通量与被照面面积之比。在服装卖场中，一般重点展示的区域，如橱窗、流水台等，其光照度一般为 2000 ~ 3000 lx；在重点陈列的服装展柜（架），其光照度一般为 1000 ~ 1500 lx；整个服装卖场中的光照度一般为 750 ~ 1000 lx。

第二节 灯具分类

卖场中的灯具可以从发光原理和安装形态两个角度进行分类。

一、按发光原理分类

人造光源通常是通过灯具发出的，按其发光原理可分为热辐射光源、荧光粉光源、气体放电光源、原子能光源、化学光源。

服装卖场常用的光源以荧光粉光源（荧光灯）和气体放电光源（金属卤化物灯）为主。

二、按安装形态分类

服装卖场灯具的作用是为了更好地展示商品，因此相对家用灯具来说造型要更简洁，主要突出灯光照明、修饰物品的功能，灯具本身的装饰性不重要。

灯具按安装形态可分为：镶嵌灯、射灯、槽灯、吊灯、台灯，壁灯等。卖场中常用的有镶嵌灯、射灯和槽灯。

（一）镶嵌灯

镶嵌灯安装在卖场天花板内，简洁美观。主要有固定式和可以调节照射角度的筒灯，一般有荧光管灯或卤素灯，主要作为基础照明（见图4-2-1）。

▲ 图4-2-1 天花板上的镶嵌灯

（二）射灯

射灯有固定射灯和轨道射灯两种。射灯通常配有灯罩，特点是光束集中、指向性强，并且可以调节投射的角度，有一定灵活性，主要用于局部重点照明。轨道射灯是在卖场的天花板上先装配金属导轨，然后再安装若干可以直线移动的射灯，它不仅可以调节照射角度，还可以在轨道上移动，具有更大的灵活性，一般作为重点照明（见图4-2-2）。

▲ 图 4-2-2　轨道射灯

（三）槽灯

槽灯安装在天花板的凹槽里，特点是光源比较隐蔽，通过反射起到照明的作用。其光线均匀，没有明显阴影，不易产生眩光，兼顾装饰和基础照明两种照明功能（见图4-2-3）。

▲ 图 4-2-3　槽灯

三、卖场照明分类

卖场照明可以从照射方式和照明功能进行分类。

（一）按照射方式分类

1. 直接照明

将光源直接投射到物体上，以便充分利用光通量的照明形式。其特点是对比强烈，照度高，能耗小，但容易产生眩光。

2. 间接照明

先将光线投射到天花板或墙面上，然后再反射到陈列上，其特点是光线均匀柔和，含蓄，照度中等，能耗中等，没有眩光。

3. 漫射照明

用半透光的灯罩罩住光源，能使光线均匀地向四周漫射。其特点是光线均匀柔和，照度小，能耗大，没有眩光。

三种照明方式示意见图 4-2-4。

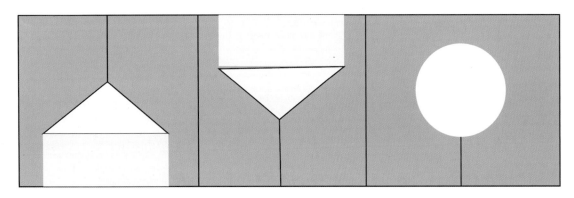

▲ 图 4-2-4　直接照明、间接照明、漫射照明示意图

（二）按照明功能分类

由于卖场中各区域功能的不同，卖场的照明规划也会不同。不同类型的照明方式，主要有以下三种（见图 4-2-5）。

1. 基础照明

是对卖场空间全面的照明。

2. 重点照明

主要是对服装货架和橱窗等重要区域的照明。

3. 装饰照明

主要功能是营造卖场特殊的氛围。

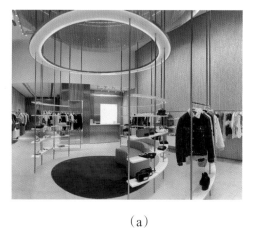

（a）

（b）

（c）

▲ 图 4-2-5　服装卖场不同类型的三种照明方式

实践调研

　　实训要求：应用本节所学知识，利用卖场调研实践的机会收集素材，调查服装卖场中不同区域的照明灯具，并举例分析这些照明的作用。可用 PPT 制作，提交电子版文件，注意在练习过程中注重团队协作。

第三节 卖场照明应用

一、卖场照明设计原则

（一）舒适原则

一个灯光通明的卖场给人一种愉悦的感觉；反之，一人灯光灰暗的店铺让人觉得昏暗、沉闷，不仅看不清服装的效果，还会使卖场显得毫无人气。舒适的灯光可以增加顾客进入、停留和消费的机会。所以，一个卖场必须满足基本的照度。一些店铺由于生意不好，总是用减少灯光的亮度来节约费用，其结果只能带来恶性循环。

要使顾客在卖场中有舒适感，就要选择适当的照度和理想的光源。照度要适中，高的照度可以作为局部点缀，以加强顾客的关注度。

照度会影响卖场内空间是否明亮宽敞，商品是否清晰易见，卖场各部分照度的高低要因其功能不同而有所差异。

常用光源包括卤素灯、荧光灯、金属钠盐灯等。光源色温应该同照度水平协调。在低照度的情况下，以暖光为好。随着照度增加，光源色温也要相应提高。

（二）吸引原则

在终端卖场中，除了造型和色彩以外，灯光也是吸引顾客的一种重要元素。咖啡馆、酒吧、宾馆这些场所通常需要设计得富有温馨感，因为顾客来这里主要是为了放松心情。但对于一个购物场所，不仅要制造一种轻松感，还需要提高顾客的兴奋度，引起顾客对店铺以及店铺中产品的关注，激发购买欲。在同一条街上，通常灯光明亮的店铺要比一个灰暗的店铺更吸引人（见图4-3-1）。因此，适当地调高店铺里的灯光亮度将会提高顾客的进店率。同样在卖场内，明亮的灯光也会提高顾客对货品的注目度，所以店铺一般都会采用明亮的照度。

（a）   （b）

▲ 图4-3-1 具有强吸引力和感染力的灯光

制造吸引顾客的灯光效果的方法包括：适当增加橱窗灯光的亮度，使之超过隔壁商店的亮度，让橱窗变得更有吸引力和视觉冲击力；善用灯光的强弱以及照射角度变化，使展示的服装更富有立体感和质感；卖场深处面对入口的陈列面要光线明亮。

（三）真实显色原则

服装和其他商品不同，它是直接穿在人身上的。因此顾客会在店铺中通过试衣，来确认服装的色彩和自己的肤色是否相配。顾客检验服装色彩的真实度，通常是根据日光照射效果来决定的，我们经常会看到一些有经验的顾客到店外的日光下检验服装色彩，就是因为很多卖场中的灯光照射效果和日光有很大的差别。因此，为了达到真实的还原色彩，在店铺中选用重点照明的灯光，应该考虑色彩真实的还原性，其色温一般要接近日光。

一般来说，外套基本是人们在白天穿着的，其穿着光源环境主要是在阳光和办公室灯光照射下的。因此，接近阳光和日光灯的照射效果应该是我们要模拟的照射效果。而且要首先考虑日光效果，其次考虑日光灯的效果。

根据不同部位对光源显色性能的不同要求，卖场中重点推荐以及正挂展示的服装灯光显色要更好。为了达到一定的效果，橱窗灯光可以不用过多地考虑显色性。

（四）层次分明原则

卖场中的灯光也像舞台剧中的灯光一样，可以用强弱变化来告知卖场中的主角是谁，也可以根据卖场区域功能的分类，用灯光来昭示主要演员是谁。巧妙地运用灯光能区分卖场各区域的功能和主次顺序，可以给顾客一种心理暗示。如用指向分明的灯光来吸引顾客；用明亮的灯光让顾客仔细看清货架上服装的细节；用柔和的灯光在服务区营造温馨的感受。

在重要部位提高灯光的强度，一般部位只满足基本的照度。这样用灯光使整个卖场主次分明，并且富有节奏感，同时也可以控制电力成本。

根据在卖场中发挥的作用，各部位灯光的主次一般按以下顺序排列：橱窗→边架→中岛架→其他。

（五）与品牌风格吻合

针对不同的品牌定位和顾客群，卖场灯光的规划也有所不同。

一般情况下，大众化的品牌，由于价位比较低，往往追求速战速决的营销方式，所以灯光的照度较高，可以在短时间内提高顾客的兴奋感，促使顾客快速买单。同时由于货物的款式和数量比较多，所以在照明区域的分布上，大量以基础照明为主，和重点照明照度差距较小，其基础照明比高档品牌要相对亮一些。

高档服装专卖店由于其价位比较高，顾客对服装的选择比较慎重，要做出购物决定的时间也相对长一些；同时由于这类服装往往其风格比较独特，个性较强，所以其基础照明的照度相对比较低。为了追求一种舞台式的效果，往往通过降低基础照明的照度，使局部照明显得更富有效果，以营造剧场式的氛围。

二、卖场照明具体方式

在陈列中，光能影响展示商品的形状、色彩、空间感，也能强化或削弱所展示商品的效果，所以在掌握陈列技术后必须对艺术的灯光规划进行研究。

光的照射会产生不同的明暗效果，恰当地运用这种明暗效果可以使服装更具有立体感、材质感，并且能营造一种氛围。同样的光线由于照射角度和方向的不同（见图4-3-2），会产生截然不同的效果，卖场陈列师可以对店铺灯光进行调整和组合，以达到不同的陈列效果。

(a)

(b)

▲ 图4-3-2　多照射角度和方向的橱窗陈列

光位是指光源相对于被照明物体的位置，也就是光线的照射方向与角度。调节卖场中灯具的照射角度，会使服装产生不同的明暗造型效果。通常情况下，照射角度越正，立体感就越差；照射角度越偏，服装的立体感就会越强。

光线的照射角度主要分为以下几种（见图4-3-3）。

（1）正面光，光线来自服装的正前方。被正面光照射的服装有明亮的感觉，能完整地展示整件服装的色彩和细节。但立体感

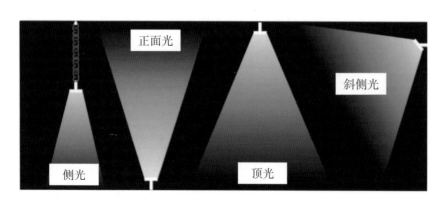

▲ 图4-3-3　光线照射角度的种类

和质感较差，一般用于卖场中货架的照明。

（2）斜侧光，指灯光和被照射物呈45°的光位，灯光通常从左前侧或右前侧斜向的方位对被照射物进行照射，这是橱窗陈列中最常用的光位，斜侧光照射使人模和服装层次分明，立体感强。

（3）侧光，又称90°侧光，灯光从被照射物的侧面进行照射，使被照射物明暗对比强烈。侧光一般不单独使用，只作为辅助用光。

（4）顶光，光线来自人模的顶部，会使人模脸部和上下装产生浓重的阴影，一般要避免。同时在试衣区，顾客的头顶也一定要避免采照顶光。

在实际运用中，正面光和斜侧光会被经常运用。

三、卖场分区域照明

（一）橱窗照明

一个富有吸引力的橱窗，可以在短短几秒钟内吸引行人的脚步，说服顾客进店光顾。

在橱窗的陈列中，灯光的效果功不可没，特别是在夜色中，橱窗里的灯光更是吸引顾客的重要因素（见图4-3-4）。

（a）　　　　　　　　　　　　　　　（b）

▲ 图4-3-4　封闭式橱窗与半封闭式橱窗照明

由于橱窗里的人模位置变化很大，为了满足人模陈列经常变化的情况，橱窗大多采用可以调节方向和距离的轨道射灯。为防止眩光和营造橱窗效果，橱窗中灯具一般被隐藏起来。传统的橱窗灯具通常装在橱窗的顶部，但由于其照射角度比较单一，目前一些国际品牌大多在橱窗的一侧或两侧，甚至在地面上安装几组灯光，以丰富橱窗灯光效果。

橱窗分封闭式，开放式和半开放式等类型，封闭式的橱窗由于可以进行相对独立的布光，自由度比较大。开放式、半开放式的橱窗必须考虑和店堂内部的呼应，由于开放式橱窗与商店内部是一体的，所以要根据不同的店面形式，采取不同的灯光配置，如要强调橱窗，可以增加橱窗照度和亮度；如要强调店铺内的效果，可以在卖场中的某些区域作为重点照明。

（二）入口照明

当顾客被橱窗所吸引时，会考虑是否再进店看看，因此入口的灯光设计也显得非常重要，照明设计的要求也非常高。入口处的光线明亮，能吸引顾客进入（见图4-3-5）。

▲ 图4-3-5　入口照明

（三）货架照明

对于一些平面性较强、层次较丰富、细节较多、需要清晰展示各个部位的展品来说，应减少投影或弱化阴影。可以利用方向性不明显的漫射照明或交叉性照明来消除阴影造成的干扰。有些服装需要突出立体感，可以用侧光来进行组合照射。货架的照明灯具应有很好的显色性，中、高档服装专卖店应该采用一些重点照明，可以用射灯或在货架中采用嵌入式或悬挂式直管荧光灯具进行局部照明（见图4-3-6）。

▲ 图 4-3-6 货架照明

（四）试衣区照明

　　试衣区的灯光设置是经常被忽视的地方，因为试衣区没有绝对的分界线，所以通常会将试衣区的灯光纳入卖场的基础照明中。因此我们经常会看到试衣区的镜子前灯光亮度不足的情况，影响顾客的购买情绪。

　　如果将整个卖场的营销活动比作一场足球赛的话，试衣区的镜子就是一个球门，顾客大多会在这里决定是否购买，这里是临门一脚的地方。重视试衣区的设计是十分必要的。试衣区的灯光有如下要求：色彩的还原性要好，因为顾客是在这里观看服装的色彩效果的；为了使顾客的肤色更显好看，可以适当采用色温低的光源，使色彩稍偏红色；没有布置试衣镜的试衣室灯光照度可以低些，显得更温馨；试衣镜前的灯光要避免眩光。

　　服装卖场的照明规划，必须针对不同的品牌定位、目标顾客群以及卖场功能区域，寻找合适照明方案（见表4-3-1），从而达到用灯光促进销售的真正目的。

表4-3-1　卖场各区域照明类型及要求

类型	范围	亮度	照明目的	光效要求	方法	照射形式
基础照明	全面	中	保证卖场中的基本照度，满足顾客的基本购物要求	均匀、平和	①采用漫射照明光源 ②采用嵌入式、吸顶式灯具安装方式 ③灯具分布均匀	直接照明 间接照明 漫射照明
重点照明	局部	高	突出重点商品，吸引顾客，刺激顾客的购买欲望	指向性强、立体感强	①采用固定射灯或轨道射灯 ②亮度为基础照明的3～5倍	直接照明
装饰照明	局部	低	营造氛围，丰富卖场的灯光效果	柔和、奇妙、丰富	①采用漫射或间接照明方式 ②采用装饰性灯具 ③采用有色光源	漫射照明 间接照明

第五章

服装卖场橱窗设计

| 重点与难点 |

1. 了解品牌服装卖场中橱窗的分类与作用。

2. 了解橱窗展示中的商品配置技术综合运用。

| 学习目标 |

知识目标：

1. 了解掌握橱窗设计的基本理论和基本知识，明确橱窗设计的内容。

2. 熟悉橱窗陈列的基本步骤和要求。

能力目标：

1. 具备探究学习国内外知名品牌橱窗设计的能力。

2. 具备正确分析橱窗陈列设计作品的能力。

3. 能熟练运用绘图软件进行橱窗陈列设计方案制作。

素质目标：

1. 理解和发扬橱窗的文化展示功能，锻炼审美和人文素养。

2. 通过橱窗设计实践发扬中华优秀传统服装文化。

第一节 橱窗的分类和作用

一、橱窗的分类

（一）从位置分布划分

根据位置分布划分，橱窗有店头橱窗和店内橱窗 2 种（见图 5-1-1）。

▲ 图 5-1-1 店头橱窗与店内橱窗

（二）从装修形式划分

根据装修形式划分，橱窗有通透式橱窗、半通透式橱窗、封闭式橱窗 3 种（见图 5-1-2）。

另外，每个橱窗都有一些基本的构成元素，陈列师可以根据不同的展示需要，选取一些构成元素进行组合，橱窗中最常见的基本构成元素有人模、服装、道具、背景，灯光等。

(a)   (b)   (c)

▲ 图 5-1-2 通透式橱窗、半通透式橱窗与封闭式橱窗

二、橱窗的作用

橱窗是传播品牌文化和销售信息的载体。促销是橱窗设计最主要的目的，为了实现营销目标，陈列师要通过对橱窗中服装、模特、道具以及背景广告的组合和摆放，来达到吸引顾客进店、激发购买欲望的销售目的。另一方面，橱窗还承担着传播品牌文化的作用。

由于橱窗承担着双重任务，因此针对不同的品牌定位、销售季节以及营销目标，橱窗的设计风格也各不相同。有的橱窗设计重在强调销售信息，采用比较直接的传播方式，除了在橱窗中陈列产品外，还放置一些带有促销信息的海报，追求立竿见影的效应，使顾客看得明白，激发进店欲望。

另一种橱窗设计风格侧重于品牌文化的展示，除了产品本身以外，商业方面的信息较少，使橱窗呈现更多的艺术效果。其设计手法高雅，传播商业信息的手段比较间接，主要追求日积月累的品牌文化传播效应。顾客看了橱窗后可能不会马上进店，但该品牌的风格和文化将会留在顾客的脑海中，同样也可使其能成为潜在的消费者。

前一种橱窗设计手法直白、明了。通常适合对价格比较敏感的消费群或一些中低价位的服装品牌，以及品牌在特定的销售季节里，需要在短时间内达到营销效果的活动中使用，如打折、新货上市、节日促销等。

后一种橱窗设计手法比较含蓄。通常中高档的服装品牌采用较多，比较适合注重产品风格和文化消费群的品牌，或在以提升和传播品牌形象为目的时采用。

在实际应用过程中，这两种风格往往结合在一起使用，只是侧重面不同而已。陈列师需要充分了解这两种设计风格的特性，并根据实际情况灵活运用。

橱窗设计是否成功的一个重要指标就是顾客的进店率，但因为两种橱窗设计的表现手法不同，检验标准也是不同的。第一种可以通过短时间内顾客的进店率来检验，第二种的顾客进店率则要通过一个较长的时间来综合评定。两种橱窗的设计风格虽然有些不同，但最终的目标还是一样的，就是吸引顾客进店。

话题讨论

　　根据橱窗分类与作用的知识，讨论服装卖场陈列中橱窗设计的重要性，每组举1～2个典型案例进行分析。

第二节 橱窗设计基本原则

橱窗是卖场中的有机组成部分，不是孤立的。在构思橱窗设计方案前要把它放在整个卖场中考虑。另外，橱窗的观看对象是顾客，必须从顾客的角度去设计橱窗里的每一个细节。

橱窗的设计有以下原则，可以在设计过程中充分考虑。

一、考虑顾客行走视线

虽然橱窗是静止的，但顾客却是行走和运动的。因此，橱窗的设计不仅要考虑顾客静止的观赏角度和最佳的视线高度，还要考虑橱窗自远至近的视觉效果，以及穿过橱窗前的"移步即景"的效果。为了让顾客在最远的地方就可以看到橱窗的效果，橱窗在创意上要做到与众不同。首先，主题要简洁，在夜晚还要适当加大橱窗里的灯光亮度。另外，顾客在街上的行走路线一般是侧向橱窗通过，因此在设计中，不仅要考虑顾客正面站在橱窗前的展示效果，也要考虑顾客侧向通过橱窗所看到的效果。

二、橱窗和卖场形成一个整体

橱窗是卖场的一部分，在布局上要和卖场的整体陈列风格吻合，形成一个整体。有的陈列师在布置橱窗时，会忽略卖场陈列风格。于是我们常常看到这样的景象：橱窗设计非常简洁，卖场里却非常繁复；橱窗风格很古典，卖场的陈列风格却非常现代。

因此，在设计橱窗时要考虑卖场内外的效果。通透式的橱窗不仅要考虑和整个卖场的风格协调，还要考虑和橱窗靠近的几组货架的色彩协调性（见图5-2-1）。

（a） （b）

▲ 图5-2-1 橱窗风格与卖场风格统一

三、与卖场内营销活动相呼应

橱窗从另一角度看，就像一个电视剧预告，它向顾客传播卖场的商业动态，传递卖场的销售信息，因此橱窗传递的信息应该和卖场中的实际销售活动相呼应。如橱窗里是"新款上市"的主题，卖场里的陈列主题也要以新款为主，并储备相应的新款数量，以配合销售需求。

四、主题简洁鲜明，风格突出

我们不仅要把橱窗放在卖场中考虑，还要把橱窗放大到整条街上去考虑。在整条街道上，一个橱窗可能只占很小的一段，如同影片中的一个片段，稍纵即逝。街上行人的脚步匆匆，在一条时尚街道，顾客在一个橱窗前停留也就是很短的一段时间。因此，橱窗的主题一定要鲜明，不要这个内容要表现，那个内容也要展示，要用最简洁的陈列方式告知顾客你所要表达的主题（见图5-2-2）。

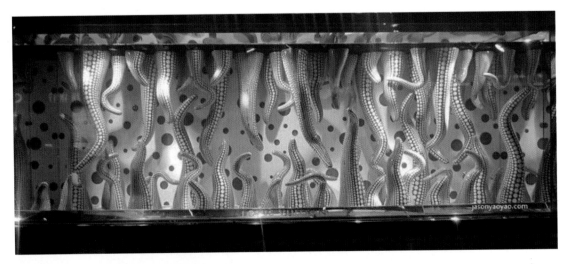

▲ 图 5-2-2 "海洋生物"主题橱窗

💬 话题讨论

根据所学的橱窗设计原则，讨论服装卖场陈列中橱窗主题设计的必要性，每组举例1～2个典型案例进行分析。

第三节　橱窗设计基本方式

　　橱窗的设计方法多种多样，根据不同的品牌风格和橱窗尺寸，可以对橱窗进行不同的组合和构思。掌握了中小型橱窗的基本设计规律，同样就可以从容地应对一些大型橱窗设计。

　　目前，国内大多数服装品牌销售终端的主力卖场，都以单门面和两个门面为主，除了一些大型商场外，专卖店的单个橱窗的宽度基本上在 1 ~ 3.5 m，橱窗的深度通常在 0.8 ~ 1 m、这种中、小型的橱窗，基本上是采用两个或三个模特的陈列方式。根据这种实际情况，本节着重以三个人模的陈列方式为例来介绍橱窗构成的基本方法。

一、人模组合变化

　　人模和服装是橱窗中最主要的元素，一个简洁到极点的服装品牌橱窗也会有这两种元素。同时，这两种元素也决定了整个橱窗的基本框架和造型。因此，学习橱窗陈列手法时可以先从人模的组合排列方式入手。

　　如图 5-3-1 所示，这三个人模间距是相等的，它给人一种非常规则的美感，但缺少一些变化。而在图 5-3-2 中，改变这两条线的排列，这组线就变得活跃起来了。线和线之间距离的变化，会产生一种节奏感和比例感。

　　线的组合变化原理同样可以应用到人模上，对人模进行线和线之间不同的组合和变化也会产生间隔、呼应和节奏感。

▲ 图 5-3-1　规则的人模组合

▲ 图5-3-2　生动的人模组合

人模的组合变化主要有以下形式。

（一）横向位置变化

由于没有改变人模的前后位置，只在横向的间距上进行变化，因此，整个组合既保持一种规则的美感，又透出一丝有趣的变化（见图5-3-3）。

在第一组横向位置变化组合中，人模前后的位置虽然是在一条线上，但通过横向间距的变化，如图中三条线的排列变化一样，使整个橱窗既有序列感，同时又有节奏的变化。

▲ 图5-3-3　人模横向位置组合

（二）前后位置变化

前后位置变化可以使橱窗的空间变得富有层次感，如图5-3-4所示。C组人模组合，是在A组基础上变化而来的，其实人模之间横向的间距还是相等的，但因为把中间的人模向后移动了一个位置，平面上变成一个"品"字形，使组合发生了变化。而右边的D组人模组合，不仅横向距离发生变化，前后也发生变化，效果更丰富。

（三）身体朝向变化

观察很多品牌的橱窗，其人模的身体朝向变化相对单一，基本上是正面朝外。同时设计师往往把更多的精力放在橱窗道具和背景的设计上，而忽视了人模组合给橱窗带来的有趣变化。而有一些品牌陈列师，往往把更多精力放

▲ 图5-3-4　人模前后位置组合

在人模的编排和方向变化上，相对而言橱窗的背景却设计得非常简洁。

橱窗人模的身体朝向组合变化，是在改变人模横向间距和前后位置后再进一步做出变化，人模之间的呼应、分合，使整个组合变得更加丰富。

身体朝向变化相对难以掌握，做不好会变得杂乱。应在熟练掌握前两步的前提下，一步一步地摸索。做组合变化时可以先从改变横向间距开始，再进行前后位置的调整，等位置都比较合适后，再进行人模身体朝向的变化。

图5-3-5是一组实际人模组合练习，是学员们基于以上的原理的实际操作练习。通过对

（a）

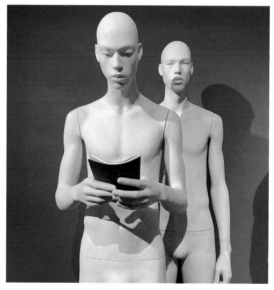

（b）

▲ 图5-3-5　人模组合实训

人模进行横向、纵向、身体方向的变化后，我们可以惊喜地发现，即使没有任何辅助道具，只要改变组合方式，也可以使一组呆板的人模变得生动起来。

（四）人模着装组合变化

在改变人模排列和组合的同时，还可以改变人模身上的服装搭配来获得更多趣味性的变化。通常在同一橱窗里出现的服装，要选用同一系列的服装。这样服装的色彩、设计风格都会比较协调，内容比较简洁。当然，为了使橱窗变得更加丰富，还需要对这个系列服装的长短、大小、色彩进行调整。橱窗内的模特着装灵活，变化繁多，各种陈列方式都可以在橱窗中运用。一般来说，橱窗的模特着装要注意以下两点：橱窗模特着装要采用同一系列服装；道具和背景要和服装主题相结合。

下面是一些实际案例，我们可以从中得到一些启发。

图5-3-6是一组人模组合变化应用练习，是学员们了解橱窗的基本陈列手法

▲ 图5-3-6　人模组合变化应用练习

之后做的，总体效果还不错。他们在卖场选择服装时，不仅考虑到服装色彩的协调性、系列感，同时还考虑到人模的朝向，人模的位置组合变化，通过两组不同朝向和位置的模特，使得服装风格与橱窗主题相呼应。

图5-3-7是一个位于巴黎香榭丽舍大街上的橱窗。整个橱窗其实就只采用了同一种款式的服装，但是陈列师通过对色彩的选择和搭配，灵活应用黑、白、灰色在上下位置穿插；不同的陈列方式，人模组合的变化，使一个看似简单、平淡的橱窗变得简洁、生动。

▲ 图5-3-7　巴黎香榭丽舍大街上的橱窗

上述两个例子只是橱窗中服装搭配的一些手法的展示，服装的搭配方式应在掌握陈列形态和陈列色彩构成原理的基础上灵活运用，并在实践中积累和探索新的搭配方式，这样才能使你的橱窗不断有新的变化。

二、综合性变化组合

在掌握橱窗的基本组合和搭配方法后，橱窗陈列设计最后要考虑的就是整个橱窗的总体结构和风格。

橱窗设计主要是采用平面构成和空间构成的一些原理，通过对称、均衡、节奏、对比等构成手法，进行多样的构思和规划。然后再根据每个品牌的服装风格和品牌文化，形成最适合的设计方案。

随着品牌定位的不断细化，橱窗的设计风格也呈现出千姿百态的景象，很难进行严格的分类，因为有的橱窗会同时采用几种不同的设计语言。为了让大家可以比较清楚地了解橱窗风格的变化，进行借鉴和学习，现将几种比较典型和常见的设计类型介绍如下。

（一）简洁构成式设计

这类橱窗设计风格相对比较简洁，格调高雅，使用范围最广，几乎涉及绝大部分高档服装与大众化服装。其主要设计思想是用简洁的语言，让消费者把更多的目光投射到服装本身，而道具只是配角。受极简主义设计风格的影响，许多橱窗的背景日趋简洁。为了减少橱窗的单调性，橱窗设计更强调服装的色彩搭配以及人模的组合形式（见图 5-3-8）。

这类设计具体表现在人模位置、排列方式、服装色彩深浅和面积的变化；色彩和造型的上下位置穿插；橱窗中线条方向等。简洁构成式设计往往通过服装和人模等元素的组合和排列，来营造优美的节奏感和旋律感。

▲ 图 5-3-8　简洁构成式橱窗设计

（二）生活场景式设计

这类橱窗主要以一种场景式的设计手法，来制造一个品牌故事。这种手法比较写实，有亲和感，容易拉近与消费者的距离。图 5-3-9 将一个家庭的梳妆台搬到橱窗里，主要强调该品牌生活化的设计风格。图 5-3-10 则巧妙地布置两个人模，制造出观看影片的场景，使橱窗中的人物和家庭影院融为一体，这也正好贴合了场景式橱窗设计风格的理念。

▲ 图 5-3-9　家庭生活场景式橱窗

▲ 图 5-3-10　观看影片场景式橱窗

（三）奇异夸张式设计

橱窗的功能就是吸引人的注意力，因此奇异夸张也是一种常用的设计手法，这样就可以在平凡的创意中脱颖而出，赢得路人的关注。奇异夸张式设计往往会采用一些非常规的设计手法，来追求视觉上的冲击力。如使用特殊的道具或表现手法来吸引顾客，或将普通物品采用反常规的方式进行展示，以期待行人的关注（见图 5-3-11）。

橱窗无论如何进行夸张奇异的表达，最后一定要是美的，因为这也是服装和陈列最基本的要求和原则。

"你只有 5 ~ 10 秒钟的机会"，一般服装店门面的宽度通常在 5 ~ 10 米之内，按平常人

▲ 图 5-3-11　奇异夸张橱窗设计

的行进速度，通过的时间大约是 5 ~ 10 秒，怎样在这短短的时间内抓住顾客的目光，就是橱窗设计中最关键的问题。

橱窗的设计方法很多，一个好的橱窗设计师，除了需要熟悉营销、美学，以及具备扎实的设计功底，更重要的是须时时刻刻站在顾客的角度去审视你的设计。只有这样，你才能做到抓住顾客的目光。

人模组合示例

实践项目

序号	实训内容	实训时间	实训评定（五星制）
1	模拟人模组合陈列	2 课时	
2	模拟橱窗陈列	6 课时	
实训要求：应用本节所学知识，利用卖场橱窗调研的机会收集素材，练习人模组合和橱窗陈列模拟设计。可使用 AI、PS，虚拟仿真软件，提交电子版文件。注意在练习过程中注重团队协作精神			

第四节　橱窗设计实践案例

实践环节以完成服装卖场橱窗陈列技巧为设计课题，按照前期的调研准备，橱窗陈列搭配图纸设计开展。运用所学的理论知识逐一进行实践认知与操作，并努力解决具体橱窗陈列搭配中的问题。将商业性与创意性结合，营造出个性化的橱窗陈列搭配。在橱窗设计时，主要以创意风格、文化主题风格为主，从服装与服饰产品的色彩、款式、材料等方面进行人模陈列，人模陈列过程中，灵活运用人模的组合形式，从人模横向位置、前后位置、身体朝向位置等方面进行变化。橱窗具体陈列出样步骤如下。

一、橱窗陈列设计前期

（一）陈列任务产生与实施

拿到陈列任务后，首先要了解橱窗空间陈列的主题及背景资料，了解本次任务的主要目的与要求，了解产品的相关信息，以及橱窗陈列所需要达到的目标。重点对产品进行分类，不同主题的橱窗陈列搭配技巧不同。

（二）橱窗陈列分析

对于同类产品的卖场中不同橱窗空间进行调研分析，并作出分析报告，调研的不同品牌橱窗至少包含 5 个。调研过程中应包含品牌名称、橱窗位置、橱窗风格、橱窗空间面积、产品出样数量、品牌风格等。

对于服装卖场的橱窗调研，应该包含店内橱窗和店外橱窗，且调研对象应具有一定的吸引力，具有相当的品牌影响力。卖场的橱窗调研也要具有差异性，以便展示商品的个性化陈列和吸引消费者，调整橱窗陈列技巧。

二、橱窗主题陈列案例

卖场空间的橱窗陈列技巧是卖场陈列空间营销的关键。整体橱窗陈列技巧要根据产品的性质进行设计，不同产品和不同风格的品牌，主题的橱窗陈列形象不同，因此，橱窗陈列的总体风格也随之不同。

下面是实际人模组合练习，是学员们根据以上步骤和橱窗陈列原理的橱窗陈列设计稿训练。通过不同组合，货品与人模以及氛围道具之间的组合，我们发现即使在人模数量较少的情况下，只要改变道具、货品与人模之间的组合方式，也能将一组组橱窗灵动起来（见图5-4-1 至图 5-4-32）。模拟橱窗陈列设计详细步骤如下。

第一步：确定橱窗面积。

首先确定模拟卖场平面的大小与造型，卖场平面推荐尺寸 90 cm×60 cm。

第二步：勾画草图。

需要按以下步骤定出卖场主要结构：

（1）确定橱窗种类（开放式、封闭式、半开放式橱窗）。

（2）确定橱窗位置。

（3）确定人模与道具组合的位置。

第三步：建立模拟平面或立体橱窗框架。

可采用平面绘图软件或虚拟仿真软件模拟墙面和地面，依次完成人模、商品、道具、灯光、背景之间的位置组合。

第四步：仔细调整，完成模拟橱窗陈列。

三、橱窗陈列的实际应用练习示例

▲ 图 5-4-1 橱窗陈列的实际应用练习示例一

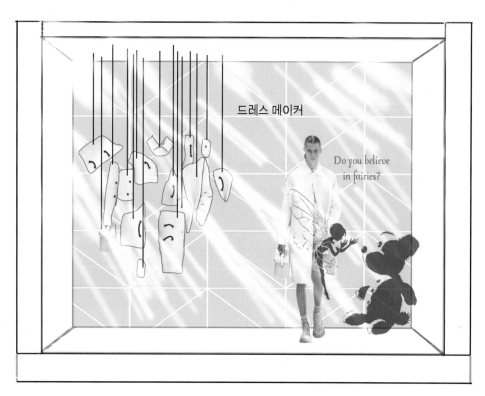

▲ 图 5-4-2　橱窗陈列的实际应用练习示例二

▲ 图 5-4-3　橱窗陈列的实际应用练习示例三

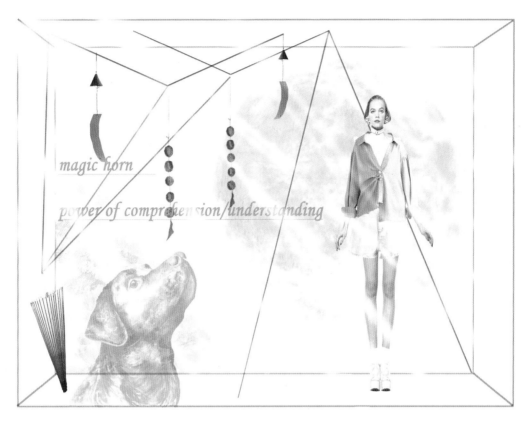

▲ 图 5-4-4　橱窗陈列的实际应用练习示例四

▲ 图 5-4-5　橱窗陈列的实际应用练习示例五

▲ 图 5-4-6　橱窗陈列的实际应用练习示例六

▲ 图 5-4-7　橱窗陈列的实际应用练习示例七

▲ 图 5-4-8　橱窗陈列的实际应用练习示例八

▲ 图 5-4-9　橱窗陈列的实际应用练习示例九

▲ 图 5-4-10　橱窗陈列的实际应用练习示例十

▲ 图 5-4-11　橱窗陈列的实际应用练习示例十一

▲ 图 5-4-12 橱窗陈列的实际应用练习示例十二

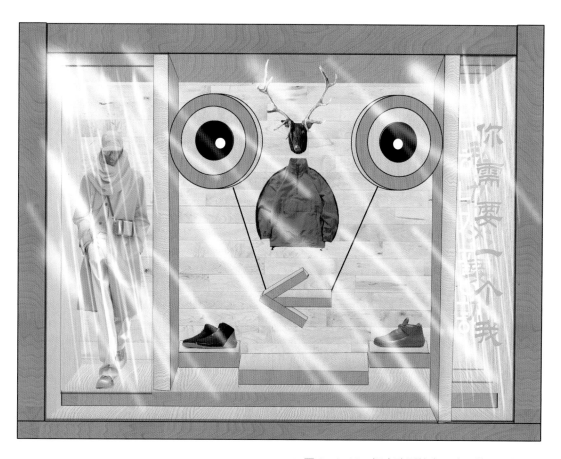

▲ 图 5-4-13 橱窗陈列的实际应用练习示例十三

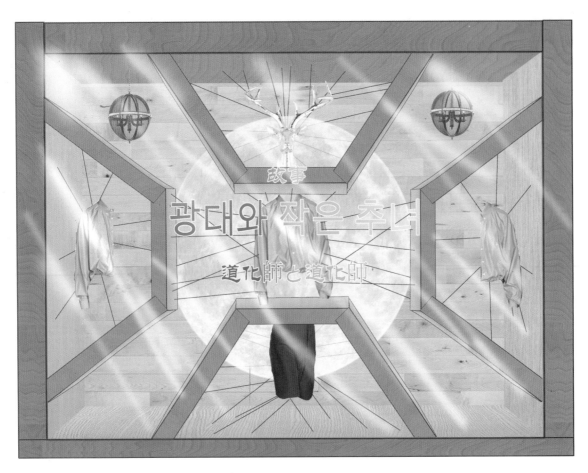

▲ 图 5-4-14　橱窗陈列的实际应用练习示例十四

▲ 图 5-4-15　橱窗陈列的实际应用练习示例十五

▲ 图 5-4-16　橱窗陈列的实际应用练习示例十六

▲ 图 5-4-17　橱窗陈列的实际应用练习示例十七

▲ 图 5-4-18 橱窗陈列的实际应用练习示例十八

▲ 图 5-4-19 橱窗陈列的实际应用练习示例十九

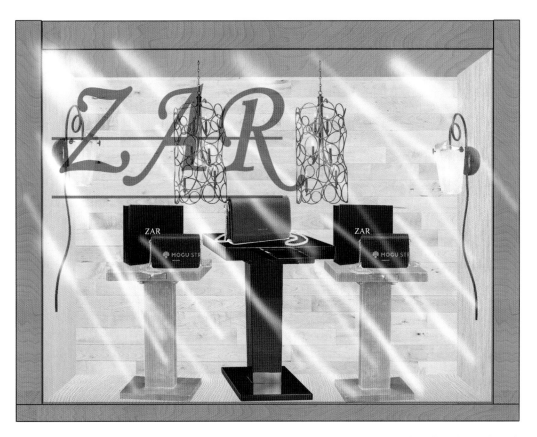

▲ 图 5-4-20　橱窗陈列的实际应用练习示例二十

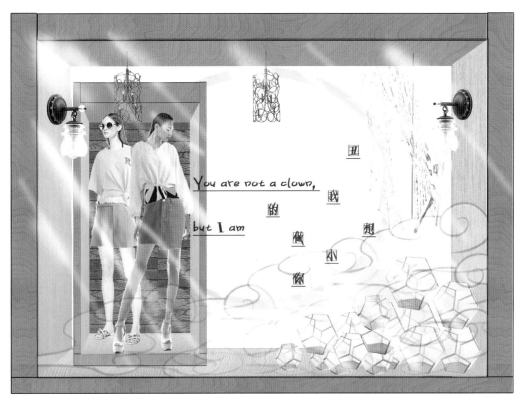

▲ 图 5-4-21　橱窗陈列的实际应用练习示例二十一

▲ 图 5-4-22　橱窗陈列的实际应用练习示例二十二

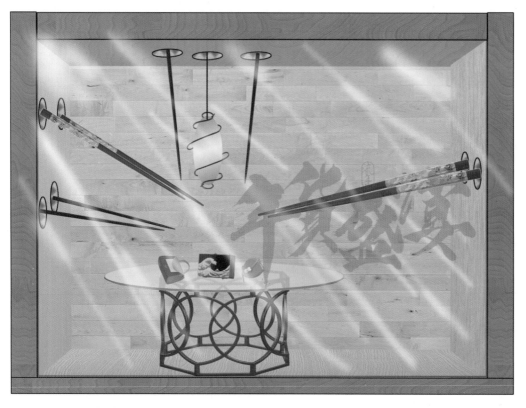

▲ 图 5-4-23　橱窗陈列的实际应用练习示例二十三

▲ 图 5-4-24　橱窗陈列的实际应用练习示例二十四

▲ 图 5-4-25　橱窗陈列的实际应用练习示例二十五

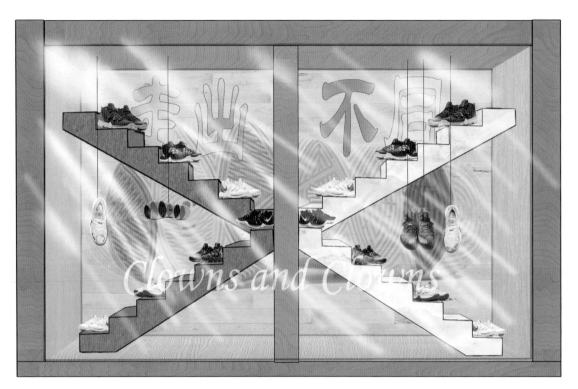

▲ 图 5-4-26　橱窗陈列的实际应用练习示例二十六

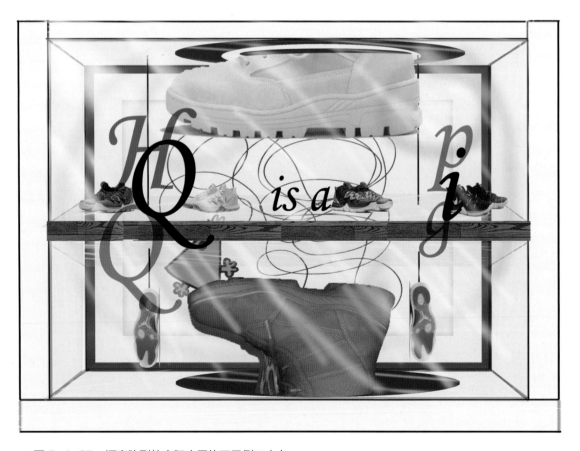

▲ 图 5-4-27　橱窗陈列的实际应用练习示例二十七

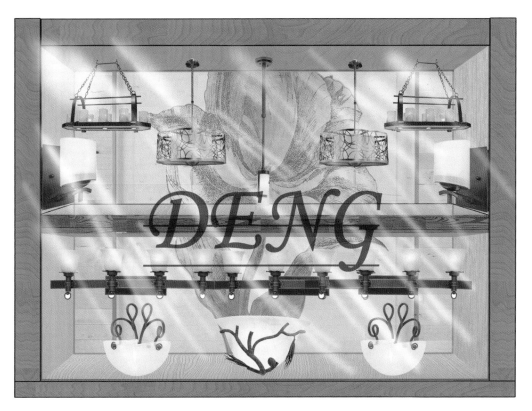

▲ 图 5-4-28　橱窗陈列的实际应用练习示例二十八

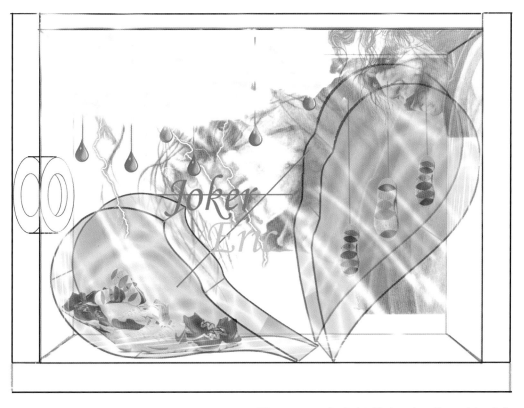

▲ 图 5-4-29　橱窗陈列的实际应用练习示例二十九

▲ 图 5-4-30　橱窗陈列的实际应用练习示例三十

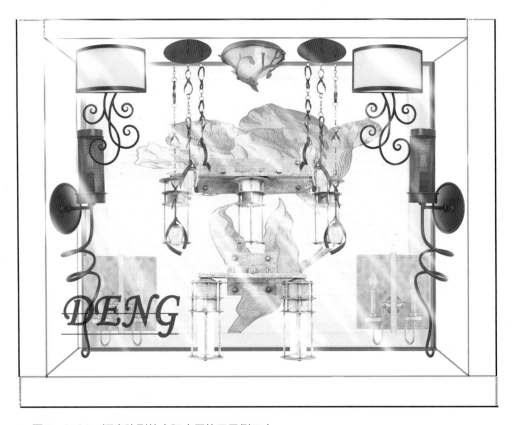

▲ 图 5-4-31　橱窗陈列的实际应用练习示例三十一

▲ 图 5-4-32 橱窗陈列的实际应用练习示例三十二

橱窗陈列练习区域

参 考 文 献

[1] 韩斌.展示设计学 [M].哈尔滨：黑龙江美术出版社，1996.

[2] 韩阳.服装卖场展示设计 [M].上海：东华大学出版社，2014.

[3] 韩阳.卖场陈列设计 [M].北京：中国纺织出版社，2006.

[4] 黄建成.空间展示设计 [M].北京：北京大学出版社，2007.

[5] 金顺九，李美荣，穆芸.视觉·服装：终端卖场陈列规划 [M].北京：中国纺织出版社，2007.

[6] 赵子夫，唐利.商店展示设计：柜·架·台 [M].哈尔滨：黑龙江科学技术出版社，2004.

[7] 赵子夫，唐利.商店展示设计：售货岛 [M].哈尔滨：黑龙江科学技术出版社，2004.

[8] 戴向东.家具卖场展示设计 [J].家具与室内装饰，2004（08）：38-41.

[9] 耿涵，宋润民.博物馆陈列空间的展示设计研究 [J].家具与室内装饰，2020（06）：94-95.

[10] 郝帅.博物馆陈列展示设计的方法研究 [J].东西南北：教育，2020（08）：327.

[11] 任宝锴.基于数字交互技术的凤羽镇古建筑数字展示设计 [J].戏剧之家，2019（23）：141-142.

[12] 盛夏，潘倩.虚拟展示技术在现代展示设计教学中的应用 [J].宿州学院学报，2015（03）：124-127.

[13] 王永华.基于视觉营销理念下的服装卖场陈列色彩设计 [J].纺织科技进展，2012（06）：90-92.

[14] 肖玉婷，戴向东，覃文权，等.家具博物馆展示设计的研究 [J].中南林业科技大学学报，2013，33（01）：114-118.

[15] 袁雪雯.初探 AI 技术在展示设计中的应用 [J].产业创新研究，2020（20）：38-39.

[16] 张春海.基于市场经济的陈列设计研究 [J].中国市场，2016（32）：104.

[17] 张虎.品牌文化在商业橱窗展示设计中的应用 [J].新余学院学报，2013，18（06）：64-65.

[18] 张杰.展示设计中的情景化设计 [J].艺术与设计（理论），2009（10）：105-107.

[19] 钟蕾，魏雅莉.论虚拟展示设计 [J].包装工程，2006（01）：239-241.

[20] 林玲玲.家具卖场商业展示空间设计研究 [D].西安：西安建筑科技大学，2013.

版权声明

根据《中华人民共和国著作权法》的有关规定，特发布如下声明：

1. 本出版物刊登的所有内容（包括但不限于文字、二维码、版式设计等），未经本出版物作者书面授权，任何单位和个人不得以任何形式或任何手段使用。

2. 本出版物在编写过程中引用了相关资料与网络资源，在此向原著作权人表示衷心的感谢！由于诸多因素没能一一联系到原作者，如涉及版权等问题，恳请相关权利人及时与我们联系，以便支付稿酬。（联系电话：010-60206144；邮箱：2033489814@qq.com）